초중등 과학 상식 필수편

꼭 알아야 할
생명과학

디아스포라(DIASPORA)는 독자 여러분의 책에 관한 아이디어와 원고 투고를 기다리고 있습니다. 디아스포라는 전파과학사의 임프린트로 종교(기독교), 경제·경영서, 일반 문학 등 다양한 장르의 국내 저자와 해외 번역서를 준비하고 있습니다. 출간을 고민하고 계신 분들은 이메일 chonpa2@hanmail.net로 간단한 개요와 취지, 연락처 등을 적어 보내주세요.

초중등 과학 상식 필수편

꼭 알아야 할 생명과학

–

초판1쇄 발행 2025년 5월 20일

–

지은이 윤 실
발행인 손동민
디자인 김미영
편　집 김희원

–

펴낸곳 전파과학사
출판등록 1956. 7. 23. 제 10–89호
주　소 서울시 서대문구 증가로18, 204호
전　화 02–333–8877(8855)
팩　스 02–334–8092
이메일 chonpa2@hanmail.net
공식블로그 http://blog.naver.com/siencia

ISBN 979–11–94832–01–0 (03470)

초중등 과학 상식 필수편

꼭 알아야 할
생명과학

과학 청소년은 궁금한 것이 많다. 빛과 소리, 전기 등에 대한 자연 현상을 비롯하여, 공룡과 온갖 동식물, 인체와 건강, 마음과 정신, 여러 가지 장치와 기계, 우주, 미래의 세계 등에 대한 의문이 수천 가지이다. 의문이 많다는 것은 과학을 좋아한다는 증거이기도 하다.

평소에 선생님에게 좋은 질문을 한다는 것은 대답을 척척 잘하는 것에 못지않게 중요한 일이다. 선생님도 좋은 질문을 하는 청소년을 눈여겨보고 잘 지도하려고 노력한다. 독자들이 가진 지금의 의문이 미래의 세계를 창조하는 힘이 될 것이기 때문이다.

이 책은 청소년이 공통으로 가지는 인체와 건강에 대한 질문에 대하여 설명하면서 그림과 사진을 곁들여 이해하기 쉽게 구성했다. 읽어가는 도중에 어려운 부분이 있다면 당장 이해하지 못하더라도 며칠 후에 다시 읽어 보기 바란다. 독자들이 가진 의문의 상당 부분은 간단히 대답해 줄 수 있지만, 어떤 것은 아직 연구 중에 있거나 지금까지 누구도 가져보지 않은 신선한 질문이다.

인체와 건강에 바른 지식을 가지면 다른 과학 과목도 재미나게 된다. 인체에 대한 의문을 대답해 주는 과학책 종류는 많다. 또한 청소년들은 의문의 해답을 인터넷 속에서 찾기도 한다. 그러나 일부 도서와 인터넷 내용 중에서는 혼란스럽고 잘못된 내용이 자주 발견되며, 이해가 어려운 설명도 있다.

과학은 끊임없이 발전한다. 오늘 옳다고 믿은 것이 내일에는 바뀌는 경우가 허다하다. 과학 중에 인체에 대한 의학은 전자공학 못지않게 눈부시게 발전한다. 새로운 암 치료법의 발견, 줄기세포에 대한 연구, 인공지능 로봇을 이용한 뇌와 심장 수술, 인공장기, 인공감각을 가진 의수와 의족의 개발 등은 대표적인 첨단 의학 분야이다.

이 책은 몸에서 일어나는 각종 현상 200여 가지 의문에 대해 대답하고 있다. 이 책이 독자들의 사랑을 받아 자신의 건강을 지키고, 자랑스러운 미래의 과학자로 성장하는 데 도움이 되기를 바란다.

윤실

차례

2장   심장과 혈액에 대한 상식

3장   뼈, 근육, 여러 기관의 역할

4장　　중요 감각 기관의 건강

5장   얼굴과 피부의 여러 현상

6장   운동과 환경과 건강한 몸

7장　유전과 건강

1장

몸을 보호하는
신체의 신비한 반응

다리에 갑자기 쥐(경련)가 나는 이유는 무엇인가?
응급 처치는 어떻게 하나?

동물이 몸을 움직일 수 있는 것은 근육이라는 조직이 있기 때문이다. 근육의 세포는 신경 세포와 연결되어 있으며, 신경의 조절에 따라 움직이게 되어 있다. 쥐는 갑자기 근육이 수축하고 딴딴해지면서 극심한 통증이 오는 경련을 말한다. 근육 경련은 심하게 발생하기도 하고 가벼운 경우도 있다.

근육 경련은 격심한 운동을 할 때 주로 발생하는데, 종아리만 아니라 다른 근육에서도 일어난다. 준비 운동이 부족한 상태로 수영이나 축구 등의 운동을 심하게 할 때, 근육이 지쳐 있을 때, 또는 꿈을 꾸면서 어떤 동작을 갑자기 할 때도 일어난다. 땀을 많이 흘리거나 설사를 하여 몸의 수분을 심하게 잃었을 때도 쥐가 날 수 있다. 격심하게 쥐가 나면 아픔과 함께 근육을 움직일 수 없게 된다.

근육 경련 격심하게 운동하는 도중이거나, 갑자기 손이나 발 또는 목을 크게 움직일 때 근육이 비틀리면서 쥐가 발생한다. 종아리에 경련이 일어나면 수축한 종아리 근육이 펴지도록 발을 자신의 몸쪽으로 당긴다.

인체는 팔다리의 근육처럼 자기의 생각에 따라 움직이는 수의근(隨意筋)과 심장 근육의 박동, 눈 깜박임, 가시에 찔릴 때 급하게 피하는 동작처럼 생각과 관련 없이 저절로 움직이는 불수의근이 있다.

인체의 근육은 혼자만 움직이는 것이 아니라 주변의 크고 작은 근육들과 협동하고 있다. 만일 다른 근육과의 협동이 원만하지 못하고 일부 근육만 심하게 동작한다면 경련이 발생할 수 있다. 경련이 발생하는 원인 중에는 근육이나 신경 세포 속의 수분(전해질) 조절에 이상이 생긴 경우도 있다.

인체의 근육은 잡아당기는 근육과 반대로 푸는 근육으로 이루어져 있으므로 폈다, 오므렸다, 비틀었다, 바르게 했다 하는 동작을 자연스럽게 할 수 있다.

쥐를 푸는 간단한 방법은, 근육이 수축(오그라드는)하는 방향과 반대 방향으로 근육을 강하게 당겨주어 본래 상태가 되도록 하는 것이다. 예를 들어 달리기를 하거나 수영 중에 종아리에 근육 수축이 일어나면, 두 손으로 발끝을 잡고 몸쪽으로 경련이 멈출 때까지 꾹 당겨준다.

그 외에 휴식, 손으로 주무르기(마사지), 스트레칭, 더운 수건으로 근육을 싸서 풀어주도록 한다. 심하게 경련이 발생한 근육이지만 대개 잠시 시간이 지나면 풀어진다. 운동 중 혹은 잠자다가 쥐가 느껴지면, 곧 동작을 멈추고 자세를 바르게 하여, 반대쪽으로 근육을 당기고 주물러 더 진행되지 않도록 한다.

손이나 다리가 불편한 자세로 오래도록 있으면 저리는 이유는 무엇인가?

무릎을 꿇은 자세로 앉아 있으면 얼마 지나지 않아 다리가 저리기 시작하여, 저린 부분이 무감각해지고 남의 살처럼 느껴진다. 너무 오래 있었다면 저림이 심하여 한동안 일어설 수도 없다. 잠자는 중에 몸 아래에 팔이 낀 자세로 오래 있어도 눌렸던 부분의 팔이 저리게 된다.

혈관은 온몸의 세포에 산소와 영양을 담은 혈액을 운반한다. 인체의 일부가 나쁜 자세로 오래도록 눌려 있으면, 그 부분에 혈액이 공급되지 못하는 상태가 된다. 이럴 때는 짓눌린 부분의 신경 세포에도 산소가 공급되지 않으면서 노폐물이 빠져나가지 않아, 주변의 신경은 여러 개의 바늘로 동시에 찌르는 듯한 통증(저림)을 느끼게 된다.

저림은 활동이 많은 손과 팔다리에서 잘 일어나며, "자세가 나쁘니 바로 하세요!" 하는 안전을 알리는 경보의 하나이다. 팔다리가 장시간 눌려 있어도 저린 현상이 나타나지 않는다면, 혈액이 흐르지 않아 세포에 영양과 산소가 운반되지 않고 노폐물이 쌓여 회복되기 어려운 이상이 생길 수 있을 것이다. 저릴 때 자세를 바르게 하여 혈액 순환이 정상화되도록 하면 고통은 차츰 사라진다.

식사 때가 되면 왜 고통스럽게 배가 고파지나?

위 안이 텅 빈 상태가 일정 시간 계속되거나, 맛있는 음식 냄새를 맡거나 하면 배고픔을 느낀다. 이런 공복감을 느끼지 못하는 사람이 있다면, 그는 음식을 제때 먹지 않아 건강을 해치게 될 것이다. 아무것도 먹지 않고 며칠이 지나도 배가 고프지 않다면 몸에 어떤 현상이 일어날지 생각해 보자.

뇌와 연결된 신경은 피부, 근육, 눈, 코, 귀, 입에만 있는 것이 아니라 위, 심장, 방광, 대장 등의 장기에도 뻗어 있다. 각 곳의 신경은 위험 상황을 느끼면 곧 뇌에 자극을 보내 위험에 대처하도록 한다.

위의 벽은 튼튼한 근육으로 둘러싸여 있고, 벽 내부에는 많은 주름이 있다. 위에 음식이 들어오면 위벽에 있는 샘에서 소화액이 분비되고, 위벽은 수축 운동을 시작하여 음식이 소화액과 골고루 섞여 잘게 부서지도록 한다. 위 안의 음식이 죽처럼 되면, 위와 작은창자 사이를 막고 있던 유문(幽門)이 열려 소화된 것이 작은창자로 내려가게 된다. 이렇게 하여 위 안이 비고 나면, 얼마 지나지 않아 위는 배고픔을 느끼기 시작한다.

빙수나 아이스크림을 급하게 먹으면 왜 심한 두통이 오나?

배 속이 비면 배고픔을 느끼고, 물을 마시지 못하면 갈증을 느끼며, 심신이 피곤하면 잠이 오는 현상은 몸의 건강을 지켜주는 인체의 안전장치이다. 몸에 수분이 없어도 갈증을 느끼지 않는다면 탈수 현상으로 생명을 잃을 것이다.

빙수나 아이스크림을 몇 숟가락 연달아 입안에 떠 넣고 삼키면, 머리 앞쪽이 견딜 수 없을 정도로 아프기 시작하기 때문에 먹기를 한참 멈추어야 한다. 이런 두통을 일반적으로 '빙수 두통'이라 한다. 빙수나 아이스크림을 마구 퍼먹어도 이런 빙수 두통이 오지 않는다면, 생명을 잃거나 뇌에 큰 손상을 입을 것이다.

왜냐하면 연달아 찬 음식이 입으로 들어오면 입천장 바로 위에 있는 혈관을 냉각시켜 혈액이 잘 흐르지 못하도록 만들기 때문이다. 입천장 위의 혈관으로는 뇌세포의 활동에 필요한 혈액이 지나다니고 있다. 이 혈관이 저온의 영향을 받아 장시간 수축되어 있다면 뇌에 혈액이 충분히 공급되지 않아 뇌에 이상을 일으킬 것이다.

빙수 두통 빙수나 아이스크림 등 찬 음식을 급히 먹거나 마시면 견딜 수 없는 두통이 발생한다. 이를 '빙수 두통'이라 하며, 뇌로 가는 혈액의 양이 감소하고 온도까지 낮아졌기 때문에 발생한다.

입천장에는 뇌로 보내야 할 혈액의 양을 조절하는 신경이 있다. 인간의 뇌는 공부를 하거나 시험을 치거나 할 때, 쉬거나 잘 때보다 많은 산소를 소비한다. 그럴 때는 혈관을 넓혀 더 많은 피가 흐르도록 한다.

입안으로 찬 빙수가 계속해서 들어오면, 입천장에 있는 신경이 그런 위험을 알고 방어 대책으로 두통을 일으킨다. 누구도 견디기 어려운 이 두통은 찬 것을 계속해서 먹지 못하도록 하는 안전 조치이다. 이 고마운 빙수 두통은 1분 정도 계속되다가 사라진다.

찬 음식이나 음료수를 먹다가 빙수 두통이 느껴지기 시작하면, 곧 먹기를 중단하고 혓바닥을 입천장에 붙여 따뜻하게 해주면 사라진다. 두통이 없어진 뒤 아이스크림을 계속해서 먹으면, 그때부터는 두통이 쉽게 생기지 않는다. 이유는 그사이에 입천장의 혈관이 확장되어 피가 잘 흐르게 되었기 때문이다.

5
구토는 어떤 원인으로 하게 될까?

구토와 설사를 한마디로 '토사'라 한다. 토할 때 음식이나 음료 또는 우유를 일부만 뱉어낸다면 '게운다'고 하고, 위장이 텅 비도록 쏟아낸다면 '토한다'고 한다. 심한 구토가 일어나기 직전에는 메스꺼움을 느낀다. 게움이나 토함은 인체에 해로운 세균(박테리아 및 바이러스)이나 화학 물질이 위장 안에 들어갔을 때 주로 일어나는 무의식적인 신체의 보호 반응이다. 구토가 심할 때는 먹은 음식만 아니라 위산과 쓸개의 즙까지 쏟아져 나오는 고통이 따른다. 구토의 원인에는 여러 가지가 있다.

- 해로운 물질이 위장에 들어왔을 때
- 과식 또는 폭식했을 때
- 술을 잘 마시지 못하는 사람이 과음했을 때
- 차나 배 또는 비행기 멀미가 났을 때
- 회전목마를 타고 빠르게 빙빙 돌 때
- 뇌진탕, 뇌종양, 뇌일혈(뇌출혈) 등으로 뇌가 손상을 입었을 때
- 강한 방사선에 노출되었을 때
- 맹장염이 발생했을 때
- 장이 막혔을(장폐쇄) 때
- 심하게 다친 사람의 상처나 흉한 모습을 보았을 때
- 심하게 기침할 때
- 임신 초기
- 편두통이 심할 때 등

음식을 먹을 때는 식도의 근육이 아래로 움직이지만 토할 때는 반대쪽으로 동작한다. 구토가 나오려 할 때는 직전에 메스꺼움을 느끼고, 입안에 침이 저절로 고이다가 갑자기 쏟아내게 된다. 자연적으로 토하는 것은 위험에 대비하는 중요한 반사 반응의 하나이므로, 이럴 때는 충분히 토해야 한다. 어떤 음식을 먹고 얼마 되지 않아 토하는 것은 식중독에 해당하므로 빨리 배출해 버려야 후유증이 적다.

설사를 하게 되는 원인은 무엇인가?

식중독이 심할 때는 토하는 동시에 설사까지 하는 경우가 많다. 식중독은 부패하거나 오래된 음식, 충분히 익지 않은 어패류, 냄새가 싫은 음식 등을 먹었을 때 잘 발생한다. 구토와 설사는 병이 아니며, 살아가는 동안 수시로 경험하는 현상이다.

설사는 먹은 음식이 정상적인 소화 과정을 거치지 않고 대단히 빨리 배설되는 생리적 현상이다. 식중독을 일으킬 음식이 위장은 통과했으나 소장으로 들어왔을 때 탐지되어 장에서 거부 반응을 일으킨 것이다. 장은 격심하게 운동하여 내부의 음식을 소화시키지 않고 그대로 배출한다. 이때는 설사만 아니라 구토와 복통도 함께 느끼게 된다. 설사할 때는 대장에서 수분이 흡수되지 않고 그대로 배출된다.

설사는 대개 쉽게 멈추지만, 세균에 감염되었거나 장염 등이 있으면 여러 날 진행된다. 설사가 지나치면 몸의 수분이 부족해지는 탈수 현상이 일어나므로, 물을 많이 마시는 것이 좋다. 설사 후에는 한두 끼 정도 부드러운 음식을 먹어 위와 장에 부담을 주지 않는 것이 회복을 빠르게 한다. 설사를 멈추게 할 목적으로 무조건 설사를 멈추는 지사제를 복용하면 독소가 배출되지 않아 치료가 늦어지는 결과를 가져올 수 있다.

설사는 비위생적인 음식이나 오염된 세균에 의해 자주 발생한다. 이 외에도 기름기가 많거나, 자극성이 심한 음식, 알레르기를 일으키는 음식, 찬음식 등을 먹었을 때, 맞지 않는 의약품, 장염이라 불리는 질병, 스트레스 등에 의해서도 나타난다.

설사 증상은 사람에 따라 다르다. 설사가 3~4일 지나도 계속된다면, 이질(痢疾)이나 콜레라균(비브리오)에 감염되었을 가능성이 있다. 원인 모르게 설사가 계속되는 경우에는 반드시 의사의 진단을 받아야 한다.

재채기는 왜 하게 되나?
햇빛이나 밝은 빛을 쳐다보면 왜 재채기가 잘 날까?

재채기를 자주 하는 사람이 있으면 그는 감기에 걸렸을 가능성이 크다. 일반적으로 먼지나 꽃가루 같은 이물질이 코안으로 들어가 내부의 점막을 자극하면 무의식적으로 한순간 재채기가 난다. 감기로 코점막에 염증이 생겼거나, 콧물이 콧속을 자극하거나 하면 재채기가 터진다.

코안에는 가느다란 털이 나 있으며, 털의 안쪽 끝은 신경과 연결되어 있다. 그러므로 휴지 조각 등으로 코털을 가볍게 건드려도 그 자극이 뇌의 재채기 중추에 전달되어 폭발하게 한다. 재채기가 나면 폐 안의 공기가 한순간에 시속 약 160km의 속도로 터져 나온다. 이때 코안의 점막에 붙어 있던 이물질들은 강풍에 날려 밖으로 나간다.

태양이나 밝은 전등불을 바라보는 순간 재채기가 나는 경우가 있다. 이 때는 밝은 빛이 눈을 자극하여 순간적으로 눈물이 솟아나게 되고, 그 눈물이 코안으로 흘러 내려가 점막을 자극한 결과로 재채기가 나는 것이다. 빛에 반응하여 재채기하는 사람은 전부가 아니고 20~30%라고 알려져 있다.

지난날 코로나19가 유행하던 동안, 재채기나 기침이 날 때는, 배출되

고양이 재채기 재채기는 사람만 아니라 개, 고양이 등도 한다. 고양이의 털에 알레르기가 있는 사람이 고양이 곁에 가면 재채기를 한다. 특별한 꽃의 꽃가루 등에 알레르기가 있는 사람도 계절이 되면 한동안 재채기를 한다. 재채기가 심할 때 의사를 찾아가면 증세에 따라 재채기와 콧물을 억제하는 약을 처방받을 수 있다.

는 기체나 점액이 다른 사람에게 튀지 않도록 팔뚝으로 입을 가리거나 고개를 돌리도록 애썼다. 평소에도 재채기가 나면 얼른 입을 가려 되도록 큰 소리가 나지 않도록 주의하는 것도 예의이다.

8
재채기할 때 자기도 모르게 왜 눈을 질끈 감게 될까?

재채기가 날 때는 시속 160km에 이르는 강풍이 좁은 콧속으로 뿜어 나온다. 이때 코 내부의 강한 공기 압력은 코와 눈 사이에 뚫린 눈물이 흐르는 관(누관)을 통해 눈으로도 전달된다. 이때 눈을 감지 않는다면, 그때의 고압 공기가 누관을 통해 눈에 작용하여 안구를 밀어 눈에 지장을 줄 위험이 있다. 인체는 이런 사고가 나지 않도록 재채기가 나올 때 무의식적으로 눈을 감는 안전 시스템을 가지고 있다.

9

기침은 왜 나는가?

감기는 바이러스가 감염된 것이며, 감기가 심하면 목구멍과 기도(氣道), 폐에 염증이 생긴다. 이러한 염증은 숨을 쉬게 하는 근육(불수의근)을 자극하여 폐의 공기가 입을 통해 폭발하듯이 터져나가게 한다. 이러한 기침도 재채기처럼 목구멍을 탈출하는 공기의 속도가 시속 약 160km나 된다.

감기가 아니더라도 목구멍 속으로 먼지라든가 유독한 가스가 들어가면 마찬가지로 기침을 하여 밖으로 배출하도록 한다. 기침할 때는 기도 표면을 덮고 있던 점액의 분비물도 밀려 나오게 된다. 건강한 사람도 하루에 몇 차례는 기침을 하여 기도에 쌓인 분비물을 뱉어내고 있다.

기침은 인체를 보호하는 매우 중요한 반사 반응이다. 만일 약물을 복용하여 기침이 전혀 나지 않도록 한다면, 폐로 들어가는 통로(기도)가 점액 물질로 가득 차 호흡을 제대로 하지 못하게 될 것이다.

밤에 기침이 심하면 잠을 자지 못하고 구토까지 한다. 감기가 악화하여 기관지 천식이나 폐렴이 되면 기침이 연속적으로 난다. 감기 때문이라고 생각한 기침이 2주 이상 계속된다면 의사의 진단을 받아야 한다.

감기에 걸린 사람은 기침이 날 때 입을 가리기 때문에 손에 병균이 묻게 된

수의근(隨意筋)과 불수의근(不隨意筋)
팔다리, 손가락, 목 등의 근육은 자신의 의지에 따라 동작하는 수의근이다. 그러나 심장 근육, 폐와 소화 기관(내장) 및 목구멍의 목젖 근육 등은 자율 신경에 의해 무의식적으로 움직이는 불수의근이다. 隨意는 '뜻을 따른다'라는 의미를 가진 말이다.

다. 세균이 가득한 손으로 악수를 한다면 다른 사람에게 감염시킬 위험이 있다. 그러므로 감기로 기침할 때는 자신은 물론 남을 위해 손을 더 자주 청결히 씻도록 한다.

코와 가래는 왜 생기나?

인체는 수시로 기침, 재채기, 가래 뱉기를 하면서 기관지에 쌓인 점액을 체외로 방출하고 있다. 이런 점액은 먼지와 세균이 가득한 공기를 쉴 틈 없이 흡입하는 폐, 기도, 코안, 입안, 눈, 창자 등을 뒤덮고 있다. 이러한 인체의 점액은 외부에서 침범하는 먼지와 세균을 붙잡아(포집하여) 살균하는 동시에 포집된 것을 점액과 함께 체외로 배출하고 있다.

점액에 포함된 끈끈한 물질의 성분은 뮤신(점액소)이라 불리는 단백질의 일종이다. 뮤신 단백질은 표피 조직의 분비 세포에서 생성되며, 살균만 아니라 마찰을 줄이도록 윤활 작용도 하고, 적당한 습기를 유지해 주기도 한다.

기관지에 고인 점액을 목구멍 밖으로 밀어 올리는 것은 기관지 표면에 가득 자란 미세한 털(섬모)이다. 섬모는 물결처럼 아래위로 움직이면서 점액을 기도 밖으로 밀어 올린다. 만일 기관지에 섬모가 없다면 폐는 금방 점액으로 가득 차 호흡을 하지 못하게 될 것이다.

감기에 걸리면 인체는 세균 침범을 방어하기 위해 점액을 더 많이 분비한다. 점액이 너무 쌓이면 인체는 기침 또는 잔기침을 하여 그것을 강제적으로 배출한다. 유전적으로 기관지에 섬모가 없는 사람이 있다. 이런 희귀한 유전병의 원인은 아직 밝혀지지 않았다. 담배 연기는 폐의 섬모를 손상시킨다. 담배 연기를 마신 뒤 기침이 난다면 섬모가 연기를 싫어하기 때문이다. 담배를 피우면 가래가 많아지는 이유이기도 하다.

인간의 폐는 매일 100밀리리터 정도의 점액을 분비한다. 미세먼지와 황사가 심한 계절이 오면, 기관지는 더 많은 점액을 분비하고, 따라서 섬모의 수고도 증가한다. 감기로 기관지염이 심해지면 섬모의 기능이 나빠진다.

코는 매일 1리터 정도의 콧물을 생산한다. 세균과 먼지를 포집한 콧물은 콧구멍으로 흘러나오기도 하지만 대부분은 무의식 상태에서 목구멍으로 바로 넘어간다. 위장으로 넘어간 세균은 위에서 분비되는 염산과 효소에 의해 분해된다. 점액은 눈물 속, 침, 콧물에도 포함되어 먼지와 세균으로부터 지켜준다. 또한 창자에서 분비되는 점액은 변이 잘 밀려 나가도록 윤활 역할을 해준다.

11

음식을 먹거나 물을 마시다가 왜 사레가 들게 될까?

목구멍에는 몸 내부와 연결되는 2개의 통로가 있다. 하나는 폐와 연결된 기도이고, 다른 하나는 위장과 이어진 식도이다. 음식이나 음료수를 먹으면 목구멍 위에 있는 목젖이 움직여 음식이 코로 들어가는 것을 막고, 목구멍 아래 입구에는 후두덮개라 부르는 조직이 있어, 이것이 기도 입구를 닫아버리므로 삼킨 것은 모두 식도로 내려간다. 그러나 호흡할 때는 후두

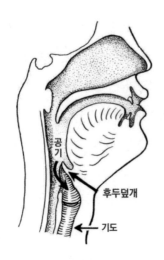

후두덮개 후두덮개의 구조이다. 후두덮개를 움직여주는 근육은 자율적으로 움직이는 불수의근에 해당한다.

덮개가 기도를 열어 공기가 출입하게 한다.

음식이나 물을 급히 마실 때 또는 맛있는 음식 앞에서 침이 많이 분비되면 침이나 물이 기도로 넘어갈 수 있다. 이때 조금이라도 기도로 넘어가면 즉시 맹렬한 기침과 재채기를 일으키며 이물질을 밖으로 배출시킨다. 이럴 때 사람들은 '사레가 들었다'라고 말한다.

잘못되어 음식물이 기도로 넘어간다면 폐에까지 들어가므로 생명이 위험할 수 있다. 사레는 이런 위험을 막아주는 중요한 신체의 방어 반응 가운데 하나이다. 시장기나 갈증이 심하더라도 사레들지 않도록 음식은 천천히 먹기를 권한다.

12
딸꾹질은 왜 하며 어떻게 하면 멈추어지나?

인체의 복부와 가슴 내부를 나누고 있는 커다란 근육을 횡격막이라 한다. 횡격막은 '옆으로 가로막은 막'이라는 뜻이다. 횡격막은 규칙적으로 움직이면서 호흡할 때 폐가 늘어났다 줄었다 하는 운동을 도와준다. 이 횡격막의 운동을 조정하는 신경이 어떤 자극(원인을 아직 확실히 모름)을 받으면, 횡격막 근육이 연달아 일정한 시간 동안 딸꾹질 경련을 한다.

딸꾹질이 일어나는 순간에는 많은 공기가 한꺼번에 폐로 들어가는데, 이때 뇌는 목의 기도에 명령을 내려 공기가 너무 많이 흡입되지 않도록 막는다. 이 순간 횡격막은 숨을 멈추려 하고, 입과 목은 공기를 마시려 한다. 그 결과 기도가 움찔하면서 성대에서 이상한 소리가 나는 딸꾹질을 한다.

딸꾹질은 얼마 동안 하다가 시작할 때처럼 어느 순간 멈춘다. 그러나 딸꾹질이 몇 시간이고 오래 계속된다면 의사를 찾아야 한다. 말하기도 불편하고 음식을 먹기도 어려워 고통스러우며, 오래 계속되면 목도 아프다. 딸꾹질은 긴장하고 있거나, 음식을 급히 먹거나, 담배를 피우거나, 술을 과음하거나, 매운 음식이나 찬 음식을 먹거나, 추운 곳에 오래 있거나 할 때 쉽게 생긴다.

딸꾹질은 어릴 때 자주 하고 나이가 많아질수록 줄어든다. 일반적으로 딸꾹질을 멈추는 방법은 콧속을 간지럽게 하여 재채기를 하거나, 숨을 오래 참거나, 얼음물을 마시거나 하는 것이다. 등 뒤에서 종이봉투를 갑자기 터트려 놀라게 하는 방법으로 멈추게 하기도 하지만 실패할 경우가 많다. 흥미롭게도 딸꾹질은 고양이, 개, 토끼, 말 등의 동물도 한다.

뱃멀미나 차멀미는 왜 할까?

차, 배, 비행기를 탔을 때 흔들림 때문에 얼굴이 창백해지고 진땀이 나며 어지러움을 느끼는 증상이 멀미이다. 멀미가 시작되면 차츰 견디기 어려운 메스꺼움을 느끼다가 토하게 되며 두통까지 따른다. 멀미를 한번 경험해 본 사람은 다시 멀미하기를 원치 않을 정도로 고통스럽다.

멀미는 대개 상하좌우로 크게 흔들리는 뱃멀미가 가장 심하고 자동차, 기차, 비행기 순으로 나타난다. 맴돌기 놀이를 많이 하거나, 회전목마나 롤러코스터를 타도 나타난다. 가마나 인력거를 이용하던 옛날에는 그 안에서도 멀미를 했다. 멀미를 심하게 하는 사람은 휘발유 냄새만 맡아도 어지러움을 느낀다고 한다. 멀미는 병이라고 할 수 없고 증상이라고 하는 것이 옳다. 일단 멀미를 시작하면 안정시키거나 중단시키기가 거의 불가능하다.

사람은 똑바른 자세로 걷거나 앉거나 해야 편안하다. 차를 타고 가면서 앞에 앉은 사람의 뒷모습을 바라본다면 그 사람은 정지한 상태로 보인다. 그러나 창밖을 쳐다보

메리고라운드(회전목마) 운동장이나 축제장에서 메리고라운드^{merry-go-round}를 여러 바퀴 타면 멀미가 나기 쉽다.

면 차는 빠르게 이동하고 있다. 같은 조건에서 정지 상태와 운동 상태를 동시에 경험할 때, 인체의 시각과 평형 감각은 혼란을 느끼게 되고, 그것이 멀미를 일으키는 원인이 되는 것으로 생각되고 있다.

차라든가 배가 없던 원시시대의 인류는 일부러 맴돌기를 하지 않는 한 멀미할 일이 별로 없었다. 사람은 한두 바퀴만 맴돌아도 어지럼을 느낀다. 인간에게 멀미는 균형 감각에 이상이 있음을 알리는 몸의 안전 신호에 해당한다.

14
체조선수나 무용수들은 심하게 회전해도 왜 멀미를 하지 않나?

거실에서 몇 바퀴 맴돌다가 멈추면 주변이 빙빙 돌아가면서 어지러움을 느낀다. 그러나 체조선수나 스케이팅선수는 몇 바퀴를 돌아도 몸의 균형을 잃지 않는다. 이것은 장기간의 훈련으로 몸이 적응한 결과이다.

멀미의 정도는 사람에 따라 다르다. 버스를 타면 멀미를 하는 사람이 직접 운전하면 아무렇지 않기도 한다. 늘 차나 배를 타는 사람은 멀미를 하지 않는다. 그러나 평소 멀미를 하지 않더라도 몸 상태가 나쁘면 멀미를 하기도 한다. 멀미를 쉽게 하던 사람도 자주 차를 타거나 반복 훈련을 받으면 점차 줄어들어 발생하지 않게 된다.

멀미는 균형 감각에 이상이 느껴져 생기는 생리적인 반응이다. 자기 스스로 뛰고 구르고 할 때는 멀미를 하지 않는다. 그러나 회전하거나 흔들리는 것을 타고 있을 때, 흔들림의 속도와 방향이 일정하지 않을 때 멀미는 쉽게 난다. 인체의 균형 감각은 귓속의 전정 기관(前庭器官)이라는 곳에서 이루어진다. 멀미를 하는 정확한 이유는 아직 확실하게 밝혀지지 않았다.

파도가 심할 때 배를 타면 배는 전후좌우로 심하게 요동한다. 흔들리는 배에서 난간, 파도, 수평선을 바라보면 잠시도 같은 상태로 보이지 않고 위치가 흔들리고 있다. 멀미를 방지하려면 다음과 같은 주의를 해야 한다.

1. 위 속이 비어 있으면 멀미를 더 심하게 한다. 어떤 사람들은 토하지 않으려고 굶으려 하는데, 공복 상태는 구토를 더 심하게 만든다.

2. 차를 타면 창밖으로 가능한 먼 곳을 바라보며 간다. 버스라면 앞자리에 앉아 멀리 보는 것이 효과적이다. 책을 읽으면서 가면 멀미가 더 쉽게 난다.

3. 배를 탔을 때는 갑판에서 수평선이나 육지를 보는 것이 좋다. 먼 경치는 흔들림이 적게 느껴진다. 배 안에서는 흔들림이 적은 중앙부에 자리를 정하여, 눈을 감고 잠을 자도록 하면 멀미를 덜 한다. 배를 며칠 계속해서 타면, 멀미는 점점 줄어든다.

4. 멀미 방지약을 약국에서 팔고 있다. 멀미약을 복용하면 부작용으로 졸음이 오기 때문에 운전자는 먹지 않아야 한다. 어떤 사람은 멀미약에 대한 부작용이 심하게 나타나기도 한다.

5. 멀미약은 승선하기 1시간 전에 먹어야 한다. 직전에 먹으면 도움이 되지 않는다. 멀미약의 효과는 4시간 정도 유지되는 것으로 알려져 있다. 귀밑에 붙이는 멀미 방지약도 있다. 이 약은 일종의 마취제로서, 피부를 통해 내부로 침투하여 속귀의 평형 감각을 둔감하게 하여 멀미를 예방한다.

6. 약을 먹지 않고 멀미를 조금이라도 피하려면 진동이 적고, 신선한 공기를 마실 수 있는 자리에 앉도록 하고, 잠을 자는 것, 옆 사람과 대화를 계속하는 것, 책을 읽지 않는 것도 중요하다. 공복 상태이면 더 멀미를 하므로, 음료수를 마시면 다소 진정될 수 있다. 많이 토했을 때는 음료수를 마셔 탈수를 예방한다.

15

배가 고프면 왜 배 안에서 꼬르륵 소리가 날까?

배 속이 비면 몸이 활동하는 데 필요한 에너지를 공급받지 못하게 되므로 인체는 공복이 되는 것을 위기라고 인식한다. 이때 뇌와 신경은 위장의 근육을 꿈틀거리게 하여 소화 운동을 시작한다. 배 안에서 소화액과 가스가 이리저리 움직이면 거품이 되어 이동하면서 꼬르륵 소리를 낸다. 이때 뇌는 위장이 오래 비어 있다는 공복감이라는 고통을 느낀다.

16

밀실 공포와 고소 공포 같은 공포증은 왜 생길까?

칼이나 총으로 위협해 오면 누구나 공포를 느낀다. 그러나 유난히 무서움이 많은 사람이 있다. 심한 공포증은 심리적인 증세이다. 사람은 누구나 공포증을 가지고 있지만, 9명에 1명 정도는 공포의 정도가 심한 것으로 알

공포증 공포증이 심한 사람은 스키 배우기 어려워한다.

려져 있다.

공포증에는 여러 종류가 있다. 예를 들자면 높은 곳에서 내려다보면 손발이 후들거리도록 무서운 고소 공포증, 좁은 다리(구름다리 등)를 건널 때 느껴지는 도교 공포증, 물이 무서워 수영을 배우지 못하는 물 공포증, 사람들 앞에 나가 말을 하거나 노래하기가 두려운 무대 공포증, 낯선 사람을 만나 이야기하려면 얼굴이 붉어지는 대인 공포증(적안증이라고도 함), 개라든가 벌, 뱀, 쥐 따위를 보고 무서워하는 증세, 사방이 막힌 곳에 있으면 나가지 못하게 될까 봐 두려운 폐소 공포증, 사고가 날까 봐 운전을 못하는 운전 공포증, 비행기 사고가 겁나 비행기 여행을 못하는 비행 공포증, 심지어 이성을 싫어하는 이성 공포증도 있다.

두려움이 생기면 손발이 떨리고, 심장이 빨리 고동하며, 숨이 막힐 것 같고, 손에 땀이 나기도 한다. 심할 때는 발이 땅에서 떨어지지 않으려 한다. 이러한 공포증의 원인은 확실히 알지 못하고 있다. 과학자들은 그것이 부모로부터 물려받은 유전성이거나, 어릴 때 어떤 무서운 경험을 했거나, 정신적으로 다소 약한 데가 있기 때문이라 생각한다.

공포증은 심리 전문가나 정신과 의사의 치료로 얼마큼 고쳐질 수 있다. 가장 일반적인 치료법은 두려워하는 상황에 대해 조금씩 적응하도록 단계적으로 훈련하는 것이다. 예를 들어 미끄럼틀에서 미끄러져 내리기를 두려워하는 어린이라면, 낮은 미끄럼틀에서 타기를 연습하여 차츰 높은 곳에서 미끄러지도록 하는 것이다.

거미를 무서워하는 어린이가 있다면, 처음에는 거미 사진을 자주 보여주고, 다음에는 작은 거미를 그릇에 담아 관찰하게 하고, 차츰 만져보도록 하다가, 나중에 큰 거미를 만져보도록 한다.

왜 하품이 나고, 그 하품은 곧 옆 사람에게 전염되나?

아침에 잠자리에서 눈을 뜨면 하품부터 하는 경우가 많다. TV를 오래 보고 있거나, 장시간 공부하고 있으면 하품이 자주 난다. 하품은 운동장에서 뛰고 있을 때도 저절로 하게 되는 매우 자연스러운 인체의 반응이다. 하품은 사람만 하는 것이 아니라 개, 사자, 심지어 물고기도 한다.

하품을 자주 하는 사람을 보면, "저 사람은 고단하거나 지루한 모양이다."라고 생각한다. 그러나 사자나 원숭이는 배가 고파도 하품을 한다. 일반적으로 하품을 하는 이유는 실내 공기가 탁하거나 하여 산소가 부족할때 산소를 폐로 많이 들이키기 위해서라고 생각한다. 하품을 하면 기도와 폐가 확장되어 공기가 많이 흡입된다. 그러므로 하품은 산소를 대량 공급하는 데 분명히 도움이 될 것이다.

하품에 관해 깊이 연구해 온 미국 메릴랜드 대학의 정신의학자 로버트 포로빈의 연구에 따르면, 사람에게 일부러 산소를 많이 공급해 주어도 하품을 하고, 적게 준다고 해서 하품을 더 많이 하지도 않으므로, 하품의 이유는 아직 확실히 모른다고 한다.

그의 실험에 의하면, 하품을 한 차례 하는 시간은 대개 6초 정도이고, 어떤 사람은 90분 동안에 76번이나 하품을 했다. 졸리거나 긴장이 풀어지면 하품이 자주 나온다. 기지개를 켤 때 저절로 하품이 함께 나오기도 한다. 기지개는 근육과 관절의 긴장을 풀어주는 효과가 있다. 하품은 뇌에 생기는 어떤 신경 물질과 관계가 있다는 이론도 있다. 엔도르핀이 많이 분비되면 하품을 적게 하기 때문이다.

하품할 때는 머리를 뒤로 젖히면서 입을 크게 벌려 공기를 얼마큼 들여마시고는 턱을 내려놓는다. 그런데 하품을 해도 실제로 깊은 호흡은 하지않고 있다. 하품이 날 때 남이 보지 않도록 입을 다물고 코로 호흡하려 하면, 원하는 대로 되지 않고 결국 입이 열리고 만다. 그러므로 하품 모습을남에게 보이지 않으려면 손으로 입을 가로막아야 하고, 소리를 내지 않도록 주의해야 한다.

하품은 감기보다 전염이 훨씬 빠르다. 수업 중에 누군가 한 사람이 하

하품 아기 하품은 사람만 아니라 개, 고양이, 호랑이, 사자 등의 동물도 자주 한다. 사람은 아기일 때 더 많이 한다. 많은 동물이 하품하는 것을 보면, 동물이 수백만 년 진화해 오는 동안 어떤 생리적 필요성이 있었기 때문에 하품을 하게 되었을 것이라는 생각도 하고 있다.

품을 하면, 그 소리를 듣기만 해도 하품이 따라 나오기 쉽다. 하품은 생각만 해도 나올 수 있다. 하품만 아니라 옆 사람이 화장실에 가면 금방 자신도 가고 싶어진다.

과학자들은 하품이나 오줌 마려움이 주변 사람에게 전염되는 이유를 확실히 알지 못한다. 다만 "인간이 수백만 년 동안 함께 무리를 지어 살아오면서, 한 사람이 행동하면 모두 같이 행동하도록 뇌가 길들여진(프로그램된) 것인지도 모른다."라고 말하는 학자도 있다.

18

눈, 귀, 코 등의 감각 기관이 느낀 정보는 어떻게 뇌에 순간적으로 전달되나?

사람을 포함한 모든 동물의 몸을 구성하는 세포들 사이에는 신경 세포라 불리는 특별한 세포가 함께 섞여 있다. 신경 세포에는 '뉴런'이라는 가느다란 돌기가 전자 회로처럼 뻗어 이웃한 다른 신경 세포의 뉴런과 이어져 있다. 이 뉴런은 짧은 것도 있고 긴 것도 있으며, 가장 긴 뉴런은 길이가 1m나 된다. 뉴런은 등골 속에 있는 '척수'라는 신경 조직을 따라 발끝에서부터 뇌에까지 이어져 있다.

성인 인체를 이루는 세포의 수는 전부 28~36조 개에 이르는데, 신경 세포의 수는 약 1천억 개이다. 뇌에는 약 860억 개에 달하는 신경 세포가 밀집되어 있어, 전체 신경계의 중심 역할을 한다.

감각 기관이 무엇을 느끼면 그 정보는 전기 신호가 되어 뉴런을 따라

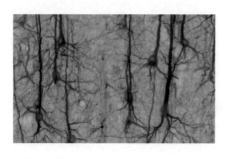

다른 세포와 뇌에까지 전달된다. 신경 세포에 흐르는 전류는 세포 속의 나트륨, 칼륨, 염소와 같은 물질(이온)에서 생기고, 전기 신호는 1초에 약 100m 속도로 전달된다.

뉴런 신경 세포에서 나온 돌기들이 다른 신경 세포와 연결된 모습이다.

부딪히거나 상처를 입으면 왜 아픔을 느끼나?

사람을 포함한 모든 포유동물은 상처를 입으면 아픔을 느끼고, 아픔이 심할 때는 비명을 지르기도 한다. 부상을 당해도 아픔을 모른다면 자기 몸을 보호하는 데 아주 불리할 것이다. 아픔은 신경 세포가 부상 상태를 즉시 알고 뇌에 전기 신호를 전달하기 때문에 생기는 것이다.

신경 세포는 일반 세포와 달리 세포에서 뻗어 나가는 여러 개의 돌기와 멀리 뻗어 나가는 한 개의 긴 돌기가 있다. 이 돌기는 마치 전기 회로처럼 서로 연결되어 있으며, 돌기 속으로 전류가 흘러 정보를 상처에서 뇌에까지 전달한다.

상처를 입었다는 것은 세포가 부상을 당한 것이다. 칼날에 베이거나 충격을 받거나 하면 그곳의 세포가 상처를 입는다. 이때 상처 난 세포에서는 '프로스타글란딘'이라는 호르몬의 일종이 나온다. 이 물질은 근처에 뻗어 있는 신경 세포들을 자극하여 뇌가 아픔을 느끼도록 한다.

발목을 삐어 발을 디딜 때마다 아프거나, 신경통으로 무릎이 시큰거리거나 하는 것은 아픈 곳의 뼈, 근육, 인대 등의 세포가 부상을 입고 있기 때문이다. 신경통이나 근육통이 심할 때 아스피린과 같은 진통제를 먹으면 통증이 줄어든다. 이것은 진통제 성분이 프로스타글란딘의 작용을 억제하기 때문이다.

20
사람은 왜 긴 시간 잠을 자야 하나?

잠은 근육과 정신 활동이 모두 쉬는 상태이다. 잠이 들면 근육도 휴식하고 있으므로 산소 소비량이 줄어들어 호흡과 맥박이 느려진다. 다만 꿈을 꾸는 동안에는 근육이 약간 움직인다.

잠자는 사이에 몸에서는 중요한 일이 일어난다. 잠든 시간에 청소년들은 키가 자라고, 다치거나 고장이 난 신체를 고치는 작업이 일어난다. 키를 자라게 하는 데 꼭 필요한 성장호르몬은 주로 잠잘 때 생산된다. 그러므로 성장기에 잠을 잘 자지 않으면 키가 크는 데 지장이 생긴다. 충분히 자고 난 아침은 인사 그대로 '좋은 아침'이다. 밤 동안 피로가 회복되고, 다친 곳이 낫고, 키도 조금 자랐기 때문이다.

만일 자신이 8시간 잤다면, 그 사이에 4~5번 꿈을 꾸며, 꿈꾸는 시간은 매회 5~30분 정도이다. 그러므로 사람은 매일 1시간 30분~2시간 정도 꿈을 꾼다고 하겠다. 과학자들은 두뇌를 건강하게 유지하는 데 꿈이 필요하다고 생각한다.

하루의 길이가 24시간인데, 인간은 평균 8시간 정도로 장시간 잠을 잔다. 왜 이렇게 밤 내내 잠을 자게 되었을까? 그 이유는 정확히 알지 못한다. 인간은 낮의 길이가 12시간이고, 활동이 불편한 밤이 12시간 계속되는 조건에서 수백만 년을 살아왔다. 이런 자연의 조건에 적응하여 인간을 포함한 대부분의 고등동물은 긴 시간 밤잠을 자도록 진화되었다고 생각된다.

아침이 오면 왜 늘 같은 시간에 저절로 잠에서 깨어날까?

뇌의 중심 부분에는 자고 깨는 것을 조절하는 부분(시상과 시상 하부)이 있다. 이 부분은 마치 몸 안의 자명종 시계와 같다. 몸시계(체내 시계)는 지구의 자전 시간과 같은 24시간 주기로 일정하게 작용한다. 체내 시계는 상당히 정확하게 작용하여, 매일 거의 같은 시간에 잠에서 깨어나게 하고, 잠 잘 시간이 되면 졸음이 오게 한다.

한국에서 비행기를 타고 미국이나 유럽으로 여행을 가면 밤낮의 시간이 바뀐다. 이럴 때 여행자는 낮에는 졸리고 밤에는 잠이 오지 않는 날을 며칠이고 보내야 한다. 이를 '시차'라고 말하며, 여러 날 지나면 그곳의 밤낮 시간에 적응하게 되는데, 이를 '시차 적응'이라 한다. 시차 적응에 걸리는 시간은 사람에 따라 다르다. 직장에서 장기간 야간 근무를 하는 사람은 처음에는 힘들게 지내지만, 대개 2~4주가 지나면 밤낮이 바뀐 생활에 적응하게 된다.

올빼미 박쥐, 올빼미 등의 야행성 동물은 어둠 속에서도 잘 보는 시각을 발달시켜 야간에 사냥 활동을 하도록 적응되어 있다.

인간을 포함한 대부분의 생물은 환경에 적응하는 생리적 본능이 있으며, 적응된 생리는 쉽게 변하지 않는다. 습관이 된 시간에 깨어나고 잠들지 않는다면, 인체는 매우 불안정한 상태가 될 것이다. 밤이 되어도 잠들지 못하는 불면증이 있는 사람은 몹시 고통스러운 생활을 하게 된다.

22

밤에 충분히 자고도 왜 낮잠이 올까?

인간이 일생 중에 낮잠을 가장 많이 자는 시기는 아기 때이다. 특히 갓난아기는 하루의 대부분을 잔다. 아기들은 아침저녁이 다르게 빨리 자라면서 새로운 세상을 계속 배우고 새 동작도 익혀간다. 그러므로 아기이지만 에너지를 많이 소모하여 아주 피곤하다. 아기들은 긴 잠으로 피곤을 푸는 것이다.

어른이든 청소년이든 피곤하면 신체적으로나 정신적으로 최선을 다해 활동하지 못한다. 지친 상태에서 공부하려고 하면 에너지가 더 많이 소모되고, 피로는 더욱 심해지며, 공부가 제대로 되지 않는다.

인체의 생리는 피로가 쌓이면 졸음이 밀려와 쉬도록 만든다. 낮잠은 피로가 쌓였을 때 오는 잠이며, 잠시 낮잠을 자고 나면 에너지를 되찾고, 피로가 회복되어 하던 일을 잘할 수 있게 된다.

23
잠꼬대는 왜 하게 될까?

잠꼬대란 잠을 자면서 자기도 모르게 말하는 '헛소리'를 말한다. 다시 말해 꿈속에서 하는 말이 중얼거리듯 입으로 나오는 소리가 잠꼬대이다. 잠꼬대 때 하는 말의 내용은 꿈속에서 일어난 일과 관련된 것이다.

잠이란 몸과 두뇌가 동시에 휴식하고 있는 상태이다. 사람은 먹지 않고 1개월 이상 견디지만, 잠을 자지 못한다면 4~5일을 못 견디고 죽을 정도이다. 뇌는 깨어 있는 동안 끊임없이 외부로부터 감각 기관이 받은 자극에 대해 판단을 내려 그에 적절하게 반응 행동을 한다. 말이 필요할 때는 말하는 감각 기관이 움직여 말한다.

잠든 상태에서 잠꼬대하는 것은 꿈에 받은 자극이 말하는 감각 기관을 움직여 가볍게 반응하도록 한 것이다. 잠꼬대를 하지 않는 사람은 없다. 어떤 때는 잠꼬대를 해놓고, 그 소리에 스스로 놀라 깨기도 한다. 그러나 잠꼬대는 대부분 기억하지 못한다. 그래서 누군가가 이치에 맞지 않는 소리를 하면 '잠꼬대'한다고 표현한다.

일반적으로 잠꼬대는 어떤 문제로 정신적인 억눌림(스트레스)이 많거나, 불안한 마음이 있거나 할 때 하기 쉽다. 특히 일생 중에 잠꼬대가 심한 시기는 청소년 때이다.

24
잠자는 동안 왜 꿈을 꾸게 될까?

사람들은 현실이 아닌 상황을 '꿈같다'고 말한다. 과거에는 꿈꿀 때 뇌속에서 어떤 일이 일어나는지 알지 못하고, 잠이 들면 뇌도 함께 조용히 쉰다고 생각했다. 그러나 1952년, 미국의 과학자 유진 아세린스키는 처음으로 뇌파 측정기를 사용하여 잠자는 자기 아들(8세)의 뇌파를 조사했다. 뇌파 측정기는 뇌 안에서 일어나는 약한 전류의 흐름 상태를 종이 위나 모니터에 그려낼 수 있는 장치이다.

그는 이 실험에서 놀라운 발견을 했다. 아들이 깊이 잠자는 동안, 두세 시간마다 뇌파 측정기가 움직이면서 지그재그로 파형을 그렸던 것이다. 그뿐만 아니라 눈을 감고 있는 아들의 눈동자가 눈꺼풀 아래에서 크게 움직이고 있었다. 그때 그는 아들을 깨웠고, 아들은 꿈을 꾸었다고 말했다.

이 실험으로 아세린스키는 잠든 상태에서 안구를 움직인다면, 꿈을 꾸고 있다는 것을 확인했다. 잠든 강아지를 보아도 발을 움찔하거나, 가볍게

잠자는 개 개를 관찰하면 그들도 낮잠을 잘 자고 꿈도 꾸고 있는 것을 알 수 있다. 개가 하루 중 잠자는 시간은 평균 11시간 정도이다. 개는 나이, 건강, 잠자는 장소, 생활 등에 따라 잠자는 시간에 차이가 있다.

짖거나, 으르렁거리는 것을 볼 수 있다.

수면 중 안구가 움직이지 않으면 뇌파의 움직임도 매우 느리다. 그러나 안구를 굴리면서 꿈꾸고 있을 때는 뇌파도 깨어 있을 때처럼 나타난다. 꿈은 일상과는 매우 다르다. 귀신이나 괴물을 만나는 악몽(가위눌림)을 꾸는가 하면, 아주 이상하고 현실적이지 못한 불가사의하고, 혼란스러운 꿈을 만나기도 한다. 어릴 때는 꿈 때문에 잠자리에서 실수를 하기도 한다.

꿈이란 왜 이처럼 이상스러운지에 대해 펜실베이니아대학의 심리학자 마틴 셀리그만은 이런 이론을 내놓았다. 그날의 생활 상황이라든가, 경험, 생각하는 일, 잠자는 동안에 들리는 소리나 감촉, 냄새 등이 뇌파를 만들어 뇌가 현실과 다른 상황을 느끼게 한다는 것이다.

오늘날 꿈에 관한 연구가 많이 진행되고 있지만, 왜 꿈을 꾸는지 정확한 이유는 아직 확실히 알지 못한다. 셀리그만은 "금방 태어난 아기도 잠자는 동안 많은 꿈을 꾼다. 그 꿈은 새로운 세상의 모습이라든가 생각과 느낌을 배우는 데 필요한 것이다."라고 말했다.

25

잠을 잘 이루지 못하는 불면증은 왜 생기나?

청소년 시절에는 종일 공부하고 운동하고 활동하기 때문에 피곤하여 잠이 잘 오지 않는 날이 거의 없다. 그러나 두려운 일이 생기거나, 친구와 다투거나, 화나는 일이 있었던 저녁에는 가끔 잠이 잘 들지 않기도 한다.

나이 많은 성인들은 수시로 불면증에 관해 이야기한다. 밤마다 피곤함에 지쳐 잘 자던 사람이, 어느 날부터 쉽게 잠들지 못하고 고통스러워하는 불면증이 발생하는 원인은 과학자들도 확실히 알지 못한다.

불면증이 생긴 경우는 대개 생활 중에 발생한 심한 걱정이나 슬픔, 실망과 같은 스트레스로 심리적인 고통을 받고 있을 때이다. 불면증이 발생하면 잠을 청해도 좀처럼 잠들지 않을 뿐만 아니라, 잠이 들었다가도 일찍 깨어 다시 잠들지 못하기도 한다.

때로는 낮에 피곤하여 낮잠을 잔 것이 그만 평소와 달리 밤잠을 설치게 하는 경우도 있다. 또 평소 운동을 많이 한 날은 지쳐서 잠이 잘 오지만, 잠자기 직전에 심하게 운동하고 나면 쉽게 잠들지 못하기도 한다. 이런 경우는 운동하는 동안 몸에서 근육의 활동을 강화하는 '아드레날린'이라는 호르몬이 많이 분비된 탓이다.

카페인이 많이 든 커피, 녹차, 콜라, 피로 회복 음료를 마신 뒤 잠이 잘 오지 않는 경우도 있다. 잠자는 시간 직전에 재미난 소설을 읽거나, TV를 보거나, 맛난 음식을 많이 먹거나 하면 한참 동안 잠들기 어렵다. 어떤 사람은 잠자리가 바뀌거나, 심지어 자기가 평소 베던 베개가 달라져도 잠들기 어렵다고 한다.

의사들은 잠을 잘 자려면, 오후에는 커피나 콜라를 마시지 않도록 하고, 잠자기 전에는 시장하더라도 소화가 잘되는 부드러운 음식을 조금만 먹어야 한다고 말한다. 또한 좀처럼 잠이 오지 않는다면, 억지로 자려 하지 말고 일어나 앉아 편안한 자세로 조용히 책(특히 성경) 읽기를 권한다. 독서 중에 졸음이 오면 그때 침대로 가면 곧 잠이 든다.

2장

심장과 혈액에 대한 상식

26

흥분하면 왜 심장이 빨리 뛰게 될까?

심장은 잠시도 쉬지 않고 뛰고 있지만 우리는 그것을 느끼지 못한다. 그러나 심장이 평소보다 빠르게 뛰면 가슴이 두근거리는 것을 느끼게 된다. 일반적으로 안정된 상태에서 아기들의 심장은 1분에 80~140회 박동하고, 어른들은 보통 60~80번 정도로 내려간다.

운동을 하면 영양분과 산소를 대량 소모하게 된다. 심장이 빨리 뛰는 것은 혈관 속으로 산소와 영양분이 실린 혈액을 더 많이 보내기 위한 인체의 생리 현상이다. 운동을 활발하게 하는데도 심장이 빨리 뛰지 않는다면, 근육 세포에서는 영양분과 산소가 부족하여 힘차게 활동할 수 없게 된다. 그러므로 격렬하게 운동할 때는 심장이 보통 때보다 거의 2배나 자주 박동한다.

심장이 빨리 뛸 때는 폐도 호흡을 자주 하여 심장으로 더 많은 산소가 갈 수 있도록 해준다. 달리기를 하면 숨이 헐떡헐떡 가빠지고 심장이 빨리 뛰는 것은 모두 산소와 영양분을 온몸에 더 많이 공급하려는 인체의 자연적인 반응이다.

갑자기 매우 놀라거나 흥분하거나 반가운 사람을 만나거나 하면, 그때도 심장이 빨리 뛰는 경우가 있다. 이것은 위기 상황에 대응하도록 '아드레날린'이라는 호르몬이 분비되어 혈액으로 들어간 결과이다. 놀라거나 싸우거나 할 때, 몸은 위기 상황에 빠르게 대응하기 위해 아드레날린을 분비하여 근육이 활발하게 움직일 수 있도록 한다.

27
심장 박동은 왜 손목에서 재나?

청진기를 가슴에 대고 들으면 심장이 뛰는 소리가 크게 들린다. 그러나 청진기 없이 손으로 맥박을 잴 때는 손목에 손가락을 대어 맥박이 뛰는 것을 확인한다. 다른 사람의 손목을 짚어 맥박을 잴 때는 엄지보다 둘째손가락을 가볍게 눌러 재는 것이 정확하다. 그 이유는 자기의 엄지에서 뛰는 자신의 맥박을 잴 가능성이 있기 때문이다.

심장에서 금방 나온 피는 동맥을 따라 힘차게 흘러

맥박 진단 수의사가 청진기로 고양이의 심장 박동을 들으며 진단하고 있다.

간다. 그러나 온몸을 돌아 심장으로 되돌아가는 정맥의 혈액은 느리게 흐른다. 성인의 손이나 팔뚝에 드러난 검푸른 색의 굵은 혈관은 모두 정맥이다. 그러므로 이런 정맥에서는 맥박이 뛰는 것을 촉감으로 느낄 수 없다.

대개 동맥은 몸속 깊은 위치에 있고, 정맥은 피부 바로 아래에 있다. 손목 앞면에는 동맥이 다른 부분보다 피부 가까이 지나가고 있다. 그러므로 그곳에 손가락을 짚으면 맥박을 느낄 수 있다. 의사가 손목의 맥을 짚어 건강 상태를 살피는 것을 진맥이라 한다.

28
혈액은 어떤 역할을 할까?

혈액은 몸이 활동하는 데 필요한 영양분과 산소를 운반하는 필수적인 작용을 한다. 동시에 혈액은 몸 전체 세포에서 생긴 이산화탄소와 노폐물을 받아서 내다 버리는 청소부 역할도 한다. 또한 혈액은 몸의 활동을 조절하는 호르몬을 온몸으로 운반하고 있다.

혈액이 산소와 영양분을 모든 세포로 수송하도록 해주는 힘은 끊임없이 쿵쿵 뛰는 심장의 근육에서 나온다. 심장은 1분에 약 72회씩 펌프질을 하여 혈액을 내보내고 있다.

피의 성분은 절반 이상이 물과 같은 액체인데, 이를 '혈장'이라 한다. 혈장에는 영양분과 노폐물이 들었으며, 상처가 생겼을 때 혈액이 응고토록 하여 출혈을 막아주는 혈소판, 그리고 그 외에 여러 화학 물질과 호르몬 등이 포함되어 있다.

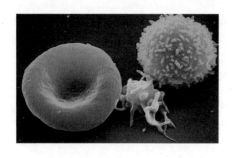
혈액 성분 혈액을 전자현미경으로 본 혈구의 모습이다. 도넛 모양은 적혈구, 중앙은 상처가 생겨 출혈할 때 피를 응고시키는 혈소판, 청색은 세균을 공격하는 백혈구 모습을 나타낸다.

혈액의 나머지 대부분은 '적혈구'라는 아주 작은 혈액 세포이다. 인체에서 가장 크기가 작은 세포인 적혈구는 산소와 이산화탄소를 담아서 각 세포까지 운반한다. 그 외에 혈액 속에는 '백혈구'라 부르는 혈액 세포가 들었으며, 이들은 몸 안에 침입한 세균이라든가 나쁜 물질을 공격하여 파괴하는 작용을 한다.

핀의 머리 크기의 혈액 속에는 적혈구가 약 5,000,000개(1방울에는 약 3억 개), 백혈구는 약 10,000개 포함되었다. 그리고 상처가 생겨 피가 혈관 밖으로 나올 때, 그것을 굳게 하는 작용을 하는 혈소판은 약 250,000개 들었다.

29
피는 왜 붉은색일까?

적혈구는 헤모글로빈이라 부르는 단백질 성분을 가지고 있다. 적혈구 1개에는 약 300만 개의 헤모글로빈 분자가 들어있는데, 피가 붉게 보이는 것은 이 헤모글로빈 분자 때문이다. 헤모글로빈 분자 속에는 철분이 들었으며, 이 철분은 산소와 결합하는 중요한 역할을 한다.

혈액이 붉은색으로 선명하게 보이면, 그것은 산소를 많이 포함한 동맥

헤모글로빈 적혈구 1개에는 약 300만 개의 헤모글로빈 분자가 들어 있다. 헤모글로빈 분자를 나타낸 이 화학 기호의 중앙에 철분^{Fe} 원자가 1개씩 있다.

의 피이고, 색이 검붉게 보인다면 그것은 산소 대신 이산화탄소를 많이 가진 정맥의 피이다. 인체의 손등이나 팔뚝에 보이는 혈관이 검푸르게 보이는 것은, 이산화탄소를 많이 포함한 정맥피가 흐르기 때문이다.

적혈구는 매우 작아서 가느다란 모세혈관을 따라 온몸의 세포에 도달하여 산소와 양분을 주고, 세포에서 버리는 노폐물과 이산화탄소를 받아 나온다. 이산화탄소와 노폐물을 담은 정맥피가 폐에 도달하면, 거기서 이산화탄소를 버리고 산소를 받아 심장으로 간다.

폐 안에 이산화탄소가 많아지면, 뇌는 그것을 알고 숨을 내쉬게 하여 이산화탄소를 버리도록 하고, 대신 새로운 공기를 들여 마시도록 한다. 이것이 호흡이다. 심장의 박동과 폐의 호흡 운동은 살아있는 동안 끊이지 않는 생명의 운동이다.

모세혈관의 내부 지름은 얼마나 될까?

인체 전체는 모세혈관이 가득 뻗어 있고, 그 속으로 적혈구가 지나가면서 세포에 영양과 산소를 공급하고 노폐물을 실어나간다. 산소를 운반하는 적혈구 1개의 크기는 지름이 7.5~8.7μm(마이크로미터, 1μm=0.001mm), 두께는 1.7~2.2μm이다.

적혈구는 인체 세포 중에서 가장 작은 세포인데, 이런 적혈구가 흘러가는 모세혈관의 지름은 8~11μm이므로 적혈구 2개가 겹친 상태로는 지나갈 수 없다. 그러므로 모세혈관 내부로는 겨우 1개씩 적혈구가 지나갈 수 있다.

적혈구는 왜 이토록 작고 형태가 도넛 모양일까? 적혈구가 임무를 잘 수행하려면 크기가 작고 수가 많아야 유리하다. 수가 많으면 전체의 표면적이 넓어져 대량의 산소를 운반할 수 있을 것이다. 또한 그들이 둥근 도넛

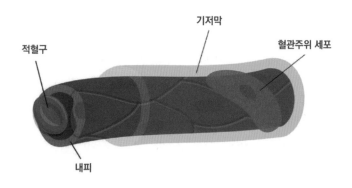

모세혈관 모세혈관의 구조를 설명한다. 모세혈관은 적혈구 하나가 지나갈 정도로 좁다.

처럼 생긴 것은 구슬처럼 동그란 형태가 좁은 통로를 지나가기에 유리하고, 도넛 모습은 같은 크기이면서 표면적을 넓게 만드는 형태이기 때문일 것이다.

얼마나 많이 출혈하면 생명이 위험할까?

일반적으로 어른의 몸에는 5리터 정도의 피가 온몸을 돌고 있다. 체격이 작거나 어린이는 그 양이 적고, 반대로 큰 사람은 혈액이 많다. 몸에는 모세혈관이라 부르는 가느다란 혈관이 나무의 잔뿌리처럼 뻗어 있다. 모세혈관까지 모두 합친다면, 성인의 혈관 총길이는 약 96,500km나 된다고 한다.

동맥을 다치거나 하면 심장으로부터 높은 압력으로 혈액이 밀려오기 때문에 짧은 시간에 많은 피를 잃게 된다. 그러므로 출혈을 막도록 상처를 단단히 싸매는 응급 처치를 재빨리 해야 한다. 상처에서 피가 나오면 혈액이 굳어 출혈이 멎도록 하는 응고 현상이 일어난다. 상처 자리에 생기는 검은 딱지는 바로 혈액이 굳은 흔적이다.

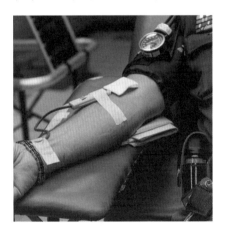

수혈 자기 혈액을 4분의 1 이상을 잃으면 생명이 위험하다. 헌혈은 부상을 입거나 큰 수술을 받는 사람의 생명을 구하게 한다.

인간은 자기 피의 4분의 1 이상을 잃으면 정상 기능을 하지 못해 생명이 위험해진다. 그래서 병원에서는 출혈이 심한 환자에게 급히 수혈한다. 수혈이란 건강한 사람으로부터 채혈한 피를 저장해 두었다가, 피가 부족한 사람에게 넣어주는 것을 말한다. 출혈을 하거나 헌혈을 하고 나면, 몸은 재빨리 혈액을 새로 생산하여 부족한 양을 보충하게 된다.

32 적혈구와 백혈구는 어디서 만들어지나?

혈액을 구성하는 적혈구, 백혈구, 혈소판은 모두 골수라 부르는 뼈의 안쪽 공간에서 마치 샘물이 솟아나듯 만들어져 혈관으로 들어간다. 뼈는

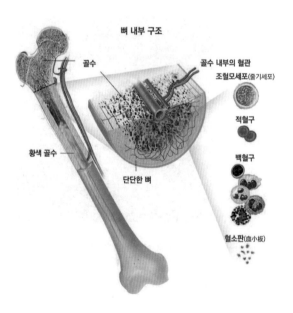

뼈 내부 구조

골수

골수 내부의 혈관

조혈모세포(줄기세포)

적혈구

백혈구

황색 골수

단단한 뼈

혈소판(血小板)

골수 세포 혈액이 만들어지는 골수 내부를 설명하는 그림. 뼈 외부는 매우 단단하지만, 내부에는 영양이 풍부한 지방질과 혈구를 만드는 세포(조혈모세포)로 가득하다. 그림에서 황색으로 나타낸 골수 부분은 뼈, 연골, 근육을 만드는 데 필요한 영양분을 공급한다.

단단하지만, 그 내부는 스펀지처럼 부드러운 조직으로 되어 있다. 골수에는 혈구를 끊임없이 만드는 세포(조혈모세포, 줄기세포의 일종)와 혈구 생산에 필요한 영양분과 혈액을 운반하는 혈관으로 가득 차 있다.

혈액을 생산하는 뼈는 엉덩이뼈, 가슴뼈, 두개골, 갈비뼈, 척추, 어깨뼈, 대퇴골, 위팔뼈 등이다. 적혈구는 1개의 세포이지만 핵이 없으며, 생겨난 지 3~4개월 후에는 수명을 다하고 분해되어 없어진다.

골수에서는 하루에 약 5,000억 개의 혈구(적혈구, 백혈구, 혈소판)가 만들어지고 있다. 이런 골수에 돌연변이가 일어나 혈구가 정상적으로 만들어지지 않는 경우가 발생한다. 이런 증상을 혈액암, 골수암 또는 백혈병이라 부른다. 백혈병 증상에는 여러 가지가 있으며, 의학자들은 증상에 따라 화학 약품 치료, 방사선 치료를 하기도 하고, 건강한 사람의 골수를 이식하기도 한다.

33

인간의 혈액형은 왜 다른가?

수술 등으로 피가 부족하여 다른 사람의 피를 받아야 하거나, 반대로 자기의 피를 다른 사람에게 수혈해야 할 때는 반드시 혈액형을 조사하여 수혈해도 좋은지 여부를 판단한다. 인간의 피에 대해 전문적으로 연구하는 의학을 '혈액학'이라 한다. 혈액학 학자들은 2023년 말까지 인간의 혈액형이 45가지나 있다고 밝혔다. 그러나 대부분을 차지하는 혈액형은 ABO식 혈액형이고, 나머지는 드물게 나타나는 혈액형이다.

인간의 피는 적혈구와 백혈구 그리고 이들이 떠다니는 액체 성분('혈장'

이라 부름)으로 구성되어 있다. 그런데 각 사람은 적혈구와 혈장에 들어있는 단백질의 종류에 차이가 있기 때문에 A, B, AB, O 4가지 혈액형으로 구분이 된다.

각 혈액형의 특징을 보면, A혈액형은 A응집원과 b응집소를 가졌고, B혈액형은 B응집소와 a응집원을 가졌다. AB형은 a와 b응집소 두 가지를 다 가진 반면에 응집원이 한 가지도 없다. 그리고 O형은 응집소를 한 가지도 안 가졌지만, 응집원은 A와 B 둘 다 가지고 있다.

응집원이란 적혈구에 포함된 단백질 성분이고, 응집소는 혈장에 포함된 단백질 성분이다.

수혈을 하여 A형과 B형 피가 만나면 서로 응고 현상(일종의 거부 반응)을 일으켜 혈관 속을 흐르지 못하게 된다. 그러므로 거부 반응을 일으키는 혈액형은 절대로 수혈하지 않는다. 따라서, 혈액형이 A형인 사람은 같은 A형과 O형의 피는 받을 수 있으나, B형과 AB형의 피는 받지 못한다. 한편 B형인 사람은 같은 B형과 O형의 피는 받을 수 있으나, A형과 AB형의 피는 받지 못한다.

그리고 AB형은 A, B, AB, O형 모두로부터 피를 받을 수 있으나, AB형이 아닌 다른 혈액형에는 자기 피를 줄 수 없다. 반면에 O형인 사람은 O형의 피만 받을 수 있고, 자신은 A, B, AB, O형 모두에게 수혈할 수 있다. O형인 사람을 '만능 공혈자'라 부르는 이유는 여기에 있다.

의사들은 가능한 같은 혈액형끼리 수혈하도록 한다. 그러나 혈액이 모자라거나 할 때는 부득이 거부 반응이 없는 다른 혈액형을 수혈한다. 혈액형은 일생 변하지 않으며, 자기의 혈액형은 자손에게도 유전된다.

인간의 혈액형이 왜 이처럼 다른지, 민족에 따라 혈액형의 비율이 조금씩 차이가 있는 이유가 무엇인지 등은 아직 알지 못하고 있다. 우리나라 사람은 A형 34%, B형 27%, O형 28%, AB형 11% 정도이다.

ABO식 혈액형 외에 Rh라 부른 혈액형이 있다. Rh형은 아시아인에게는 약 0.3%, 유럽인에게는 약 15% 나타나고 있다. 이런 차이가 생긴 원인역시 알지 못하고 있다. 혈액형에 따라 성격을 분석하기도 하지만, 그 내용이 반드시 옳다고는 할 수 없다. 참고로 포유동물들도 혈액형이 있다. 개는 11가지 혈액형이 알려져 있다.

34
수혈용 혈액은 어떤 방법으로 오래 보관할까?

혈액은행(혈액원)은 혈액을 보관하고 관리하며, 의사의 요청에 따라 공급하는 일을 맡아 하는 중요한 의료 기관이다. 혈액은행에서는 혈액을 적혈구, 혈장, 혈소판으로 분리하여 저장했다가 필요에 따라 사용토록 한다.

건강한 성인의 몸에는 5리터 정도의 혈액이 있으며, 거기에는 약 25조개의 적혈구가 들어있다. 적혈구는 골수에서 1초에 800만 개 정도 만들어지고, 동시에 같은 수의 늙은 적혈구(수명 약 120일)는 간에서 분해되고 있다.

헌혈한 혈액을 병에 받아 그대로 두면 응고하거나 변질되어 사용할 수없게 된다. 혈액은 냉장고에 넣어두어도 3주간 이상 보관하기 어렵다. 그러나 오늘날의 혈액원에서는 헌혈한 피를 특수한 방법으로 처리하여 매우낮은(어떤 경우 -196℃의 저온) 온도에서 보관했다가 10년 후에라도 사용할수 있도록 한다.

35
혈압이란 무엇이며, 고혈압이나 저혈압은 왜 생기나?

수도관 속으로 흐르는 물의 압력을 수압이라 한다. 이와 마찬가지로 심장이 혈관으로 혈액을 밀어내면, 혈관 속에는 혈액의 압력(혈압)이 생긴다. 혈압이 정상보다 높으면 고혈압, 낮으면 저혈압이라 한다.

고혈압과 저혈압이 되는 이유는 여러 가지가 있으며 그 내용은 매우 전문적이다. 몸에 어떤 종류의 병이 있으면, 그것이 원인이 되어 혈압이 높아지거나 낮아지는 경우가 많다. 그러므로 혈압에 이상이 발견되면, 그 원인을 찾아내어 치료하도록 한다.

나이를 먹어 가면 혈관 내부가 좁아져 고혈압이 된다. 그러므로 누구나 혈압이 너무 높지 않도록 늘 주의해야 한다. 자칫 혈압이 지나치게 오르면 뇌출혈이 일어나 생명을 위협하게 된다. 혈압은 건강 상태를 알리는 중요한 요소이기 때문에 의료 기구 회사에서는 간단히 측정할 수 있는 다양한 종류의 혈압계를 생산한다.

36
추운 곳에서 떨고 있으면 왜 입술이 새파래지나?

입술은 몸에서 늘 붉은색을 드러내는 부분이다. 입술이 유난히 붉게 보이는 가장 큰 원인은 입술의 피부에는 지방층이 없으면서 다른 피부보다 모세혈관이 많이 퍼져있기 때문이다.

추운 곳이나 찬물 속에 오래 있으면, 몸은 체온을 손실하지 않기 위해 몸을 둘러싼 피부를 수축시킨다. 피부의 혈관이 조여들면 모세혈관에 피가 잘 흐르지 못하여 붉은색이 약해지고 파리한 색으로 변한다. 이런 경우에 몸에서 가장 붉게 보이던 입술은 두드러지게 푸른색으로 변한다. 그러나 추운 곳에서 따뜻한 곳으로 옮겨가면, 다시 피부로 혈액이 잘 흘러 몸과 입술은 붉은색을 되찾는다.

37
추운 날이면 왜 귀가 제일 먼저 시려지나?

매우 추운 곳에서 일하거나 나다니는 사람들, 특히 겨울철에 전쟁터의 장병과 등산인들은 손, 발가락, 귓바퀴, 귓불에 동상을 입는 경우가 많다. 기온이 0℃ 이하인 곳에 있으면 몸은 동상을 입을 위험에 노출된다. 동상은 심한 냉기 때문에 조직의 세포가 얼어 파괴된 상태이다. 동상을 입은 부분은 짓무르고 진물이 흐르며, 심한 가려움도 따른다. 동상 부위는 병원 치료를 잘 받아야 한다. 정도가 경미하면 저절로 낫지만 심하면 큰 수술이 필요하다.

귀를 구성하는 귓바퀴와 귓불은 조직이 얇으면서 얼굴 밖으로 드러나 있어 찬 공기에 먼저 차가워진다. 더군다나 귀에는 혈관까지 적게 분포되어 있어 찬 공기에 약할 수밖에 없다. 귀에도 혈관이 발달하여 혈액 공급이 잘 된다면 더운 피가 흘러와 냉기를 잘 견디게 할 것이다. 그러므로 영하의 찬 바람이 부는 날, 귀를 드러내고 다닐 때는 자주 손바닥으로 감싸 따뜻하게 해주고, 손으로 문질러 혈액이 잘 공급되도록 하는 것이 동상 예방에 도움이 된다. 만일 장시간 귀를 혹한 속에 노출해야 한다면, 머플러로 귀를 싸거나 귀마개를 해야 한다.

귀에는 혈관만이 아니라 신경도 적게 분포하고 있다. 혈액 검사를 하기 위해 약간의 혈액을 채취할 때는, 통증이 적은 귓불 부분을 바늘로 찔러 채혈하고 있다. 또 귀걸이를 꿰기 위해 구멍을 뚫어도 통증이 적고 출혈이 적은 부분이 귓불이다.

겨울 철새들은 냉수 속을 불편 없이 걸어 다니고 있다. 사람이 맨발로 얼음 같은 물속에 들어간다면 1분도 견디기 어려울 것이다. 새들의 다리가 냉수 속에서 잘 견딜 수 있는 것은, 피부가 둔감한 각질로 덮여 있기도 하지만, 다리와 발의 혈관으로 따뜻한 피가 많이 흐르고 있는 덕분이다.

38
퍼렇게 멍이 드는 이유는 무엇인가?

몸이 무엇인가에 심하게 부딪히면, 그 부분의 모세혈관이 파괴되어 피가 혈관 밖으로 스며 나온다. 충격을 받은 자리가 정강이나 이마처럼 뼈가 바로 밑에 있는 부위이면 혹처럼 불룩 나온다. 이것은 스며 나온 피의 양이 그곳에 많기 때문이다.

충격받은 자리는 처음에는 붉은색이다가 차츰 파란색 멍이 된다. 멍은 시간이 지나면 갈색으로 변하고, 차츰 노란색으로 되었다가 본래의 피부색으로 되돌아간다. 조직 속에 스며 있던 적혈구들은 서서히 분해되고, 분해된 것은 모세혈관으로 들어가 간에서 노폐물로 청소가 이루어진다.

39
칼에 베이거나 긁힌 상처 자리에는 왜 딱지가 생기나?

식물의 줄기에 상처를 주면 수액이 흘러나와 굳으면서 상처 자리에 세균이 침입하지 않도록 보호한다. 이와 비슷한 현상이 피부 상처에서도 일어난다. 피부에 상처가 생기면 상처 자리의 모세혈관(실핏줄)이 파괴되어 혈액이 밖으로 나온다. 이때 혈액 속에 포함된 타원형의 작은 혈소판이 상처 자리에서 서로 엉겨 붙어 혈관에서 혈구 세포들이 나오지 못하도록 단단히 굳어진다. 이것이 검붉은색의 상처 딱지이다. 혈액 응고가 일어날 때는 혈장 속에 있던 '혈액 응고 인자'라는 화학 물질도 함께 작용한다.

상처의 딱지는 세균의 침입을 막을 뿐 아니라, 새살이 돋아나 빨리 회복되도록 상처를 보호해 준다. 상처 표면에 새로 재생되는 세포는 매우 연약하다. 그러므로 상처에 딱지가 생기면, 그 자리가 곪지 않는 한 저절로 떨어지기를 기다려야 빨리 낫는다. 상처의 딱지를 뜯어내거나 하면 세균이 침입하여 상처가 더 악화되면서 흉터가 생길 가능성이 많아진다.

상처 자리에 생긴 물집을 터뜨리면 왜 나쁜가?

피부가 화상을 입거나, 강한 햇볕을 쬐거나, 독성이 심한 화학 물질에 닿거나, 크기가 맞지 않는 신발을 신어 피부 한 부분에서 마찰이 일어나거나 하면 그 자리에 물집이 생긴다. 오랜만에 테니스 라켓을 휘두르거나 하면 손바닥에도 물집이 생긴다. 이 물집은 상처의 딱지와 마찬가지로 다친 곳을 보호하는 중요한 작용을 한다.

피부 아래에 고인 액체는 혈액에서 나온 백혈구와 체액이다. 불룩한 물집은 상처를 입은 연약한 피부 세포를 감싸서 보호해 주는 역할을 한다. 물집이 생겼을 때 이것을 즉시 터뜨려 물집을 덮은 피부를 벗겨내면, 세균이 들어가게 되고, 무엇인가에 닿으면 아프다.

그러므로 물집은 한동안 그대로 두는 것이 좋다. 물집은 얼마 지나면 저절로 터진다. 만일 미리 터뜨릴 이유가 있을 때는 그 부분을 알코올로 소독하고, 소독한 바늘로 찔러 체액을 뽑아낸다. 이때 구멍을 몇 개 뚫기도 한다. 체액이 빠져나온 뒤에는 항생제 연고를 바르고 보호 밴드를 하여 세균이 감염되는 것을 막도록 한다.

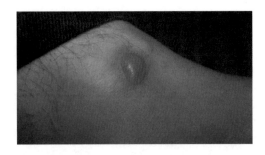

물집 물집은 피부 아래에 백혈구가 모인 것이다. 물집은 저절로 터지도록 두는 것이 세균 감염을 막아 빨리 회복되도록 하는 데 도움이 된다.

상처 자리에 생기는 고름은 무엇인가?

작은 상처는 대개 고름이 생기지 않고 그대로 낫는다. 그러나 상처가 깊거나 하면 그 자리에 고름이 생겨난다. 상처가 생기면 곧 그곳으로 백혈구가 몰려와 침범한 세균을 공격하여 제거한다. 이때 세균과 싸우다 죽은 백혈구와 세균 시체와 상처 입은 조직 등이 혼합된 것이 고름이다. 고름에서는 나쁜 냄새도 난다.

상처가 잘 낫지 않고 고름이 계속 생기면 항생제 연고를 바르거나 약을 먹어 빨리 낫도록 해야 한다. 조직 깊숙한 곳까지 고름이 생기면 잘 회복되지 않으므로 의사에게 수술 치료를 받아야 한다. 고름이 생긴 것을 손으로 무리하게 짜면 상처 부위가 더 악화되기도 한다.

3장

뼈, 근육,
여러 기관의 역할

배꼽은 왜 생긴 것인가?

어머니 뱃속에서 아기가 자라는 부위를 자궁이라 말한다. 난자와 정자가 결합한 수정 세포는 자궁 속에서 세포 분열을 거듭하여 수천억 개의 세포로 늘어나면서 아기는 머리와 몸과 손발을 가진 완전한 형태로 자란다. 뱃속 아기에게 필요한 영양분과 산소는 탯줄을 통해 어머니의 몸에서 공급된다.

자궁 속 아기의 배꼽 위치에 연결된 튜브처럼 생긴 탯줄은 어머니의 몸(자궁벽)과 연결되어 있다. 배꼽은 바로 이 탯줄이 연결되어 있던 자리에 남은 자국이다. 탯줄은 2개의 동맥과 1개의 큰 정맥이 흐르는 길이가 1.2m쯤 되는 관이다. 탯줄은 영양 물질과 산소를 어머니 몸으로부터 공급받는 동시에 태아 몸에서 생긴 노폐물과 탄산가스를 어머니 쪽으로 내보낸다.

아기가 어머니 몸속에 있는 동안 탯줄은 없어서는 안 되는 생명의 줄이지만, 일단 태어나면 필요 없어진다. 그 이유는 그때부터 신생아는 코로 공

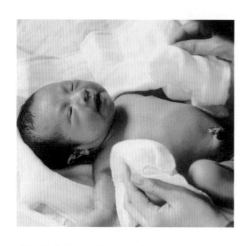

탯줄 아기 배꼽에 탯줄 일부가 붙어 있다. 탯줄은 저절
로 말라 떨어진다.

기를 마시고 폐호흡을 직접 해야 하고, 입으로 어머니의 젖을 먹으며 영양분을 공급받아야 하기 때문이다.

그러므로 아기가 탄생하면 배꼽 앞에서 탯줄을 묶고 가위로 자른다. 배꼽 자리에 남은 탯줄은 1주일 정도 지나면 마르고 시들어 아기 몸에서 저절로 완전히 떨어진다. 그것이 붙었던 곳에 배꼽이라 부르는 흔적이 남는다. 아기 때의 배꼽은 밖으로 볼록 나와 있지만, 자라면서 안쪽으로 움푹 들어간다.

43

사춘기 동안 잠잘 때 다리가 가끔 아픈 이유는 무엇인가?

뼈와 근육은 탄력성이 좋은 인대로 연결되어 있다. 사춘기에 이르면 키가 1년에 10cm 이상 쑥쑥 자라기도 한다. 이 시기에는 잠자는 동안 다리가 아픈 날들이 있는데, 키가 너무 빨리 성장하기 때문에 생기는 통증이므로 성장통이라 한다.

운동하면서 팔이나 다리의 근육을 지나치게 쭉 뻗으면 인대가 당겨 아픔을 느낀다. 성장통은 이와 비슷하다. 키가 조금씩 자라는 어린 시기에는 느낄 수 없지만, 키가 크느라 뼈가 너무 빨리 자랄 때는 근육과 인대의 성장이 뼈의 자람을 미처 따르지 못해 잠자는 동안 통증을 느끼는 것이다.

성장통은 건강과 관계가 없으므로 염려하지 않아도 되며, 잠시 아프다 사라진다. 그러나 그 통증이 견디기 힘들 정도로 심하고 오래 계속된다면 의사를 찾아가야 한다. 혹시 세균이 감염되었거나 상처를 입었을지 모르기 때문이다.

44
인체에는 뼈가 몇 개나 있을까?

금방 태어난 아기는 330개의 뼈로 구성되어 있으나, 자라면서 많은 뼈가 서로 붙어 하나의 뼈로 된다. 일반적으로 성인은 206개의 뼈를 가지고 있다. 그러나 어떤 사람은 발바닥의 뼈나 갈비뼈가 한두 개 더 있기도 하다.

인체 대부분은 부드러운 살로 되어 있다. 뼈는 인체의 살을 적절히 고정하여 바른 체형을 만들어 주는 동시에, 인체 각부를 보호하는 작용을 한다. 예를 들어 바가지처럼 둥그런 두개골은 인체의 중추 기관인 뇌를 보호하고, 창살처럼 이루어진 갈비뼈는 심장과 폐를 잘 감싸고 있다.

손, 팔, 발, 다리의 관절을 이루는 뼈의 수는 전체 뼈의 절반 이상이다. 손가락과 발가락, 그리고 관절이 있는 부분은 여러 개의 작은 뼈와 근육으로 구성되어 있다. 손을 교묘히 놀려 물건을 자유롭게 만지고, 발끝으로도 서서 자세를 취할 수 있는 이유는 관절을 이루는 작은 뼈와 근육이 유연하

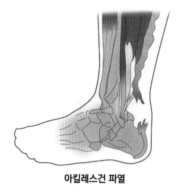

아킬레스건 파열

아킬레스건 종아리와 발꿈치의 근육을 연결하는 튼튼한 힘줄을 아킬레스건이라 한다. 아킬레스건은 체중을 받쳐주면서 뛰고 걷는 운동을 할 수 있게 한다. 갑자기 격심하게 운동을 시작하면 끊어지는 부상이 생길 수 있으며, 회복에는 다소 시간이 걸린다.

게 움직이기 때문이다.

특히 관절을 이루는 뼈들은 주변을 연골(물렁뼈)이 둘러싸고 있어 더욱 유연하게 움직일 수 있도록 해준다. 몸을 움직여 주는 근육은 뼈에 결합하여 있으며, 뼈와 근육 사이는 힘줄(건腱)이라 부르는 탄력성 좋은 끈 같은 조직이 연결하고 있다. 예를 들어 팔을 폈다 오므렸다 한다면, 팔의 여러 근육이 신축할 때마다 힘줄이 당기고 풀어주는 작용을 한다.

45
몸에서 가장 큰 뼈와 작은 뼈는 어떤 것일까?

성인이 가진 206개의 뼈 중에서 제일 큰 것은 양쪽 허벅다리를 이루는 대퇴골(허벅다리뼈)이다. 키가 180cm인 사람의 대퇴골 길이는 약 51cm이다. 허벅다리와 종아리의 뼈는 무거운 체중을 견디면서 걷고 달려야 하기 때문에 매우 튼튼하다.

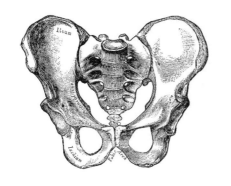

골반뼈 양쪽 다리와 척추를 연결하며, 배 속의 장기들을 보호하는 엉덩이 부분의 큰 뼈를 골반뼈라 한다. 걷는 데 중요한 골반뼈는 한 덩어리가 아니고 7개의 크고 작은 뼈로 구성되어 있다.

뼈 중에 제일 작은 뼈는 귀의 고막 뒤 중간귀(중이)에 있는 '등자골'이라는 것이다. 중간귀에는 추골, 침골, 등골(등자골) 이렇게 3개의 작은 뼈가 있다. 등자(橙子)는 말을 탈 때 발을 걸치는 부분의 모양을 나타낸다. 외부에서 들어온 소리(음파)가 고막을 진동시키면 이 작은 뼈 3개가 차례로 떨리면서 큰 진동이 되어 청신경을 자극하게 된다.

46
부러진 뼈는 어떻게 재생되나?

뼈는 몸에서 기둥과 같은 중요한 역할을 한다. 뼈는 몸을 받쳐주는가 하면, 뛰고 걷고 일하고 운동하는 모든 동작을 하게 한다. 뼈의 움직임을 자유롭게 하는 역할은 뼈와 뼈를 연결하는 관절과 뼈에 붙은 근육이 하고 있다. 뼈는 이처럼 중요한데도 불구하고 사람들은 뼈의 가치를 평소에는 잘 모르고 지낸다. 그 이유는 뼈가 겉으로 드러나지 않고 몸 안에 있기 때

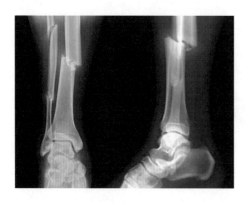

골절 골절된 종아리뼈의 상태를 보여주는 엑스선 사진이다.

문이다.

그러나 불운한 사고로 뼈가 부러지면 그때야 뼈의 중요함을 절실하게 알게 된다. 뼈가 다치는 것은 큰 부상이다. 골절의 원인은 심하게 충돌하거나 넘어지거나 하여 외부로부터 강력한 충격을 받은 탓이다. 그 외에 뼈에 병이 생겨 약해진 탓으로 부러지는 경우도 있다. 뼈 중에서 제일 자주 골절되는 곳은 손목 바로 윗부분이다. 그 이유는 앞으로 쓰러질 때 손으로 땅을 급히 짚기 때문이다.

심한 사고로 부러진 뼈가 피부 밖으로 나오거나, 여러 조각으로 깨지는 경우가 있다. 그러나 대부분의 골절은 내부에서 좀처럼 조각나지 않고 깨끗한 상태로 부러진다. 골절된 상태는 X선 사진으로 보아야 확실하게 알 수 있다. 의사들은 사진을 보고, 뼈를 정확한 위치에 맞춘 다음, 부목을 대거나 석고로 깁스를 하여 일정 기간 움직이지 않도록 한다.

다행스러운 것은 뼈가 부러지면, 그 순간부터 골절 부위의 뼈세포가 그동안 중지하고 있던 세포 분열을 시작하여 서로 단단히 붙게 되는 것이다. 접착이 끝나면 뼈의 세포 분열은 다시 중지된다. 부러진 뼈는 잘 보호하면 2~3주 안에 뼈와 뼈끼리 붙고, 뼈와 근육 사이도 다시 연결이 이루어진다. 뼈가 재생하기까지는 나이가 많을수록 오래 걸리지만 청소년은 빨리 회복된다.

팔꿈치 안쪽 쏙 들어간 부분이 부딪히면
왜 깜짝 놀라도록 시큰한가?

팔꿈치 위의 큰 팔뼈를 상완골이라 한다. 이 상완골로부터 팔꿈치 안쪽으로 커다란 신경이 지나고 있다. 팔꿈치를 잘못 휘둘러 그곳이 뾰족한 곳에 부딪거나 하면, 깜짝 놀라도록 시큰거린다. 심하게 부딪히면 그때의 저린 통증이 한참 동안 진행되기도 한다. 그러나 대부분의 경우 아픔은 곧 사라진다.

손가락 마디를 당기거나 무릎을 폈다 오므렸다 하면
관절에서 왜 '똑! 우두둑!' 소리가 날까?

관절은 두 개 또는 몇 개의 뼈가 서로 만나는 곳이다. 이 관절 부분에는 쉽게 움직일 수 있도록 윤활유 역할을 하는 액체가 둘러싸고 있다. 손가락을 쏙 잡아당기거나, 관절을 크게 움직이거나 하면 관절 사이가 순간적으로 벌어지면서 액체가 없는 빈자리가 생기고, 그 공간으로 급히 주변의 윤활제 액체가 몰려 들어간다.

손가락 관절에서 나는 '똑!' 소리는 바로 그때 생기는 것이다. 자세를 갑자기 바꾸거나 할 때 무릎의 관절이라든가 발목, 발가락뼈, 목뼈 등에서도 '똑!' 또는 '우두둑!' 하고 소리가 난다. 손가락을 당겨 이런 소리가 한

차례 나고 나면, 공간에 윤활제가 들어가 있으므로 적어도 5~10분 정도 지나야 다시 소리가 날 수 있다.

인체에는 근육이 몇 개 있을까?

인체의 체중은 절반이 근육의 무게이다. 몸이 온갖 동작을 하며 움직일 수 있는 것은 모두 근육 덕분이다. 인체의 근육은 구조가 복잡하여 정확한 수를 말하기 어렵다. 해부학자에 따라 656~850개 정도로 나누고 있다.

근육은 의지(생각)에 따라 움직이는 수의근(隨意筋)과, 무의식적으로 활동하는 불수의근(不隨意筋)으로 나눌 수 있다. 예를 들어 손으로 물건을 들어 올리고, 걷고, 높은 곳에서 뛰어내리고, 고개나 허리를 돌리고, 턱으로 음식을 씹고, 혀와 눈 등을 움직이는 운동은 수의근에 의해 이루어진다.

반면에 심장이 펄떡이며 피를 혈관으로 내보내고 빨아들이는 운동이라든가, 위장과 장의 소화 활동, 폐가 숨 쉬는 운동 등은 인간의 의지와는 관계없이 저절로 이루어지는 불수의근의 작용이다.

이런 근육이 적절히 움직이도록 지령을 내리는 것은 신경계이다. 신경은 외부의 정보를 받아 뇌로 전하고, 뇌는 그에 적절하게 반응하도록 신경을 통해 근육에 명령을 보낸다.

50

몸에서 제일 큰 근육과 제일 작은 근육은 어디에 있나?

인체의 근육 중에 제일 큰 것은 엉덩이의 근육(둔근, 큰볼기근)이다. 이 둔근은 허벅지 근육과 함께 인체에서 가장 큰 뼈인 대퇴골을 움직이고 있다. 반면에 가장 작은 근육은 안구를 움직이는 근육이다. 웃으면 17개의 얼굴 근육이 움직이고, 찡그리면 43개가 사용된다고 한다.

사회에서는 대근육과 소근육이라는 말을 잘 사용한다. 대근육은 가장 큰 힘을 쓰는 가슴 근육과 등 근육 그리고 허벅지 근육 3가지를 말하며, 나머지 근육들은 모두 소근육이다. 즉 어깨 근육, 팔 근육, 종아리 근육, 손가락의 여러 근육 등은 모두 소근육에 해당한다.

51

제일 힘센 근육과 동작이 가장 빠른 근육은 어느 것일까?

몸에서 제일 큰 근육인 둔근이나 가슴 근육, 허벅지 근육 등이 가장 힘센 근육일 것이라고 생각하기 쉽다. 그러나 가장 강력한 근육은 음식을 씹는 턱의 근육이다. 턱뼈는 약 90kg 또는 그 이상의 힘을 발휘한다. 인간의 근육은 사용할수록 강해진다. 음식을 씹는 턱 근육도 많이 쓸수록 튼튼해진다.

근육은 모두가 빠르게 움직일 것으로 생각된다. 그러나 제일 민첩한 근육은 안구를 상하좌우로 움직이는 근육이다. 근육의 동작 빠르기도 훈련할수록 빨라진다. 피아노나 타자를 치는 손의 속도, 바이올리니스트의 손과 팔 움직임, 운동선수들의 빠른 동작을 보면 알 수 있다.

같은 동작으로 운동을 계속하면 왜 근육이 아프고 피로해지나?

손가락 근육 인간의 손가락은 힘이 강하고 동작도 빠르며, 좀처럼 지치지 않고, 혹 피로하더라도 금방 회복되는 놀라운 능력을 가졌다.

빠른 속도로 계속 달리거나, 무거운 것을 반복하여 들거나, 쪼그리고 앉아 토끼뜀을 연달아 하면, 다리나 팔 근육은 금방 지쳐 더 움직일 수 없는 상태가 된다. 이러한 현상이 나타나는 원인은 근육 세포에 산소가 부족해지고 젖산이 많이 생겨났기 때문이다.

근육을 반복하여 움직이면 에너지를 생산하느라 근육 세포에 저장되어 있던 포도당이 분해되면서 젖산과 이산화탄소로 변한다. 이때 혈관을 통해 포도당과 산소가 계속 공급되지 않으면, 근육 세포는 에너지로 사용할 영양분이 없어 활동할 수 없는 상태에 이른다. 그러나 적당한 속도와 힘으로 운동하면, 혈액을 통해 근육 세포에 영양분(포도당 등)과 산소가 계속 공급된다. 근육 세포에서 생겨난 젖산은 혈액으로부터 산소를 공급받으면 다시 포도당으로 변화된다.

53
평소에 하지 않던 운동을 갑자기 하면 왜 근육통이 생기나?

근육은 가느다란 실을 수천 가닥 모은 '근섬유'라 부르는 천과 같은 구조이다. 평소 하지 않던 운동을 무리하게 장시간 하면, 이러한 근육의 섬유가 피곤해져 손상을 입게 된다. 등산한 후에는 대개 종아리 근육이 통증을 느끼게 되고, 공 던지기나 무거운 것을 많이 들고 나면 팔과 어깨 근육통이 생긴다. 이런 근육통은 누구나 발생하는 자연스러운 일이다.

운동 후에 오는 근육통은 금방 느껴지지 않고 하루쯤 지난 뒤에 나타나며, 2~3일 지나면 손상이 회복되어 아픔도 사라진다. 운동 후에 심하게 근육통이 느껴지더라도 매일 같은 운동을 적당히 하면 근섬유는 그 정도 운동에 차츰 익숙해지고 강화되어 어지간히 운동해서는 아픔을 느끼지 않게 된다.

54
근육 운동을 하면 근육이 불룩 커지는 이유가 무엇인가?

육체미 대회에 출전한 선수들은 우람한 근육을 자랑한다. 사람이 어떤 근육을 계속하여 많이 사용하면 그 근육이 커진다. 축구선수들의 튼튼한 허벅지 근육이라든가, 남녀 무용수들의 다리 근육, 체조선수의 근육, 목수들의 탄력 있는 거대한 팔 근육 등을 보면, 일이나 운동이 근육을 강화시킨다는 것을 증명한다.

근육은 인간의 몸에서 특별하게 만들어진 조직이다. 근육은 활동할 때를 대비하여 힘(에너지)을 비축해 두는 특별한 능력을 가졌다. 근육은 바늘보다 작은 것을 드는 매우 작은 힘을 낼 수도 있고, 수십 kg의 큰 힘을 순간적으로 낼 수도 있다.

근육 세포는 섬유와 같은 모습인 근섬유로 이루어져 있다. 작은 힘을 낼 때는 근섬유 몇 개가 움직이고, 큰 힘을 쓸 때는 그에 맞게 많은 섬유가 움직이게 된다. 사람들이 즐겨 먹는 쇠고기나 돼지고기의 살은 근육 조직이다.

힘을 쓰지 않고 있을 때의 근육은 부드럽고 느슨한 상태이다. 그러나 일단 힘을 내기로 작정하면 수백 분의 1초도 안 되는 짧은 시간에 강력한 세포로 변한다. 이러한 변화는 어떤 전자 기계나 기계 장치보다 뛰어나다.

인체는 성장기를 지나면 근육 세포가 더 분열하지 못하기 때문에 세포의 수는 증가하지 않는다. 반면에 30세 때 가지고 있던 근육 세포의 수는 나이가 들면서 줄어들어 75세가 되면 약 75%만 남기도 한다. 그러함에도 불구하고 운동선수의 근육이 커지는 이유는, 근육 세포의 수가 증가한 것이 아니라 근육 세포 자체가 비대해진 결과이다.

예를 들어, 팔로 매일 장시간 무거운 물건을 들거나 어떤 운동을 한다면, 팔의 근육 세포는 일(운동)을 효과적으로 할 수 있도록 근육 세포를 확대시킨다. 즉 세포 내부에 에너지(영양 물질)와 산소를 더 많이 저장하고, 근섬유를 강화시키는 것이다.

우람한 가슴 근육이나 다리 근육을 가졌다 하더라도, 오래도록 근육을 사용하지 않으면 근육 세포는 마침내 보통의 상태로 돌아간다. 다리 골절상을 입고 몇 달 동안 깁스를 한 상태로 다리 운동을 하지 않으면, 부상한 다리의 근육이 위축된다. 그러나 회복 후에 걷고 달리고 운동을 하면 근육의 크기는 회복된다.

아령 운동을 한다면, 운동 시작 전과 운동 후의 근육 크기가 훨씬 달라진다. 운동을 계속하고 있는 동안 근육 조직으로 많은 혈액이 흘러들어와 영양분과 산소를 가득 공급했기 때문이다.

근육 운동을 계속한다고 해서 무제한으로 근육이 크게 발달하지는 않는다. 근육 발달에는 일정한 한계가 있기 때문에 아무리 근육 운동을 해도 영화에 나오는 괴인 헐크처럼 큰 근육이 만들어지지 않는 것이다.

55
마라톤선수의 심장은 일반인과 어떻게 다른가?

운동선수든 누구든 같은 근육을 늘 강력하게 사용하면, 그 근육은 산소와 영양분을 다량 비축해 두고 언제라도 사용할 수 있도록 변화된다. 그러므로 축구선수의 다리 근육이라든가 역도선수의 팔다리 근육은 크게 강화되어 있다.

이와 마찬가지로, 늘 가쁜 호흡을 하며 뛰어야 하는 육상이나 수영, 축구 등의 선수들은 혈액을 온몸으로 보내는 심장 근육이 다른 사람보다 크게 발달한다. 이처럼 일반인보다 크고 강력한 운동선수의 심장을 특별히

'스포츠 심장'이라 부른다. 스포츠 심장은 운동을 시작하면 금방 활발히 활
동하고 잘 지치지 않는다.

56

뚱뚱한 사람은 몸의 세포 수가 많아진 것인가?

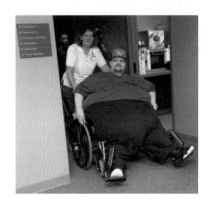

과체중 사진의 사람은 체중이 500kg에 이르
지만 세포의 수는 늘지 않고, 다만 세포가 더
많은 양의 지방질을 저장하게 된 것이다.

어릴 때는 모든 조직의 세포
가 계속 분열하여 그 수가 늘어
남에 따라 키도 자라고 몸도 불
어난다. 그러나 20세가 조금 더
지나면 세포의 분열이 중단되므
로 세포의 수는 더 증가하지 않
는다. 그러나 조직에 상처를 입
으면 손상된 부분이 원상으로 회
복되기까지 세포 분열이 잠시 다
시 이루어진다.

운동선수의 근육이 큰 이유는 세포의 수가 증가한 것이 아니라 근육 세
포가 커진 것이라 했다(질문 54 참조). 이와 마찬가지로 비만한 사람 역시 세포
수가 많아진 것이 아니라, 지방 세포가 지방질을 다량 저장하게 된 것이다.

나이가 들면서 피부에 주름이 생기고 근육이 작아지는 것은, 이때는 세
포의 수가 오히려 줄어들기 때문이다. 그러나 심장이나 폐와 같은 장기의
근육은 죽을 때까지 그 크기가 유지된다.

57

근육은 1초에 몇 번 신축할 수 있을까?

심장을 움직이는 근육은 1초에 1~2회 신축하고 있다. 피아니스트나 바이올리니스트의 연주하는 손이나, 컴퓨터 자판을 잘 치는 사람은 손가락 근육이 훨씬 빨리 움직인다. 사람은 훈련에 따라 빨리 근육을 신축할 수 있게 된다. 권투나 태권도선수가 재빠르게 주먹을 내미는 것은 훈련의 결과이다. 근육이 보다 빨리 움직일 수 있으려면 신경의 기능도 함께 발달해야 한다.

어떤 동물들의 근육은 사람보다 훨씬 빠르게 동작한다. 꽃에서 꿀을 빨아 먹고 사는 벌새는 1초에 50~70회 날개를 퍼덕이면서 헬리콥터처럼 공중에 멈추고 있을 수 있다. 곤충의 근육은 더 빠르게 움직인다. 붕붕거리며 나는 집파리는 1초에 200~300회 날개를 퍼덕이고, 잠자리는 약 400회, 각다귀는 600~1,000회 움직인다.

58

곡예사는 어떻게 두 손으로 여러 개의 공을 던져 올리고 받기를 계속할 수 있나?

축구선수가 자기 앞으로 굴러오는 공을 머리로 받아 동료에게 보낸다면, 그 동작은 의식적으로 한 것이다. 그러나 빠른 속도로 머리를 향해 날아오는 돌을 자신도 모르게 피했다면, 이것은 무의식적으로 행한 반사 운동이다. 앞의 행동은 뇌가 공이 오는 것을 판단하여 머리로 받도록 명령했다. 그러나 뒤의 경우는 뇌가 알기도 전에 반사적으로 취한 동작이다. 인간과 동물들이 가진 이러한 반사 운동은 자신을 위험으로부터 보호하는 중요한 기능이다.

뛰어난 곡예사는 두 손으로 여러 개의 공만 던지는 것이 아니라, 동시에 두 발에 여러 개의 링을 끼워 돌리다가 공중으로 던져 올리고 다시 받아 돌리는 일도 간단한 듯이 한다. 사람이 이처럼 복잡한 동작을 동시에 할 수 있게 되는 것은 훈련에 따라 신경과 근육의 기능이 변화되었기 때문이다.

인간의 근육과 신경은 반복하여 훈련하면 극도로 발달하여 상상하기도 어려운 동작을 할 수 있게 된다. 인간의 감각 기관과 신경에 대해서는 그동안 의학자들이 많은 연구를 해왔지만, 아직도 모르는 것이 많다.

59
우주 비행을 오래 하고 있으면 왜 뼈와 근육이 약해질까?

몸무게는 지구상 어디에 가서 재더라도 같은 값이다. 그러나 체중 60kg인 사람이 달나라에서 재면 약 10kg으로 나오고, 우주 공간이라면 0kg이 된다. 체중이란 몸에 작용하는 지구의 중력의 세기이다. 우주 공간은 지구의 중력이 거의 미치지 않는 무중력(무중량) 상태의 장소이다. 그리고 달의 크기는 지구의 6분의 1에 불과하여, 중력도 6분의 1로 줄어든다. 과학자들은 지구의 중력은 1G, 달은 1/6G, 우주 공간은 0G, 태양은 28G라 표현한다.

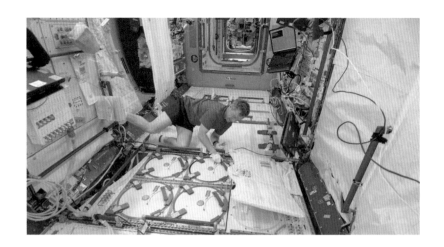

무중력 작업 우주 실험실에서는 비행사들이 장기간 머물며 실험을 한다. 우주 공간에서 오래 지내면 인체에 여러 가지 변화가 생겨난다. 그래서 우주선에서 장기간 지내는 비행사는 항상 계획된 운동을 하여 신체 변화를 줄이도록 노력한다.

인체(근육과 뼈 등)는 1G 조건에서 활동하기 적당하도록 발달되어 있다. 그러므로 달 표면에서 점프를 하면 지구에서보다 몇 배나 높이 뛰어오른다. 반면에 그렇게 뛰면 몸은 중력이 다르기 때문에 물속에서처럼 균형을 잘 잡지 못하는 상태가 된다.

중력이 없는(0G) 우주에서는 몸이 둥둥 뜨는 상태가 되며, 아래와 위의 구별이 느껴지지 않는다. 우주 공간을 비행하는 우주선 내부의 물건들은 모두 무게가 없다. 그러므로 근육의 힘을 사용해야 하는 일도 거의 없고, 운동을 해도 근육과 뼈가 지상에서처럼 제대로 활동하지 않는다. 그 결과 무중력 공간에서 오래 지내면, 병상에서 장기간 누워 지낸 환자처럼 근육이 약해지는 현상이 나타난다.

우주선에서 몇 달 동안 지내던 우주 비행사가 지구로 돌아오면, 한동안 일어서 있는 것조차 힘들어한다. 서기만 하면 지구의 중력 때문에 머리 쪽의 혈액이 다리 쪽으로 내려오므로, 얼굴이 창백해지면서 뇌에 혈액이 부족한 뇌빈혈을 일으켜 의식을 잃기도 한다. 이런 현상은 우주 공간에서 오래 지내는 동안 심장의 근육과 혈관의 운동 기능이 약해져 혈액을 힘차게 밀어 보내지 못하기 때문이다.

무중력인 곳에서 오래 지내면 근육만 아니라 뼈까지 약해진다. 뼈가 변하는 중요한 이유 하나는 힘든 일과 운동량이 줄어듦에 따라 뼛속의 칼슘이 감소하기 때문이다. 그러므로 인간이 우주 비행을 장기간 하거나 머물러야 할 때는 그에 대비한 의학적 대비가 뒤따라야 한다.

60
인체에서 가장 중요한 기관은 어디일까?

뇌, 위, 폐, 심장, 간, 뼈, 근육, 눈, 귀와 같은 인체의 각 기관은 중요하지 않은 것이 없다. 그중에서도 제일 중요한 기관은 뇌라고 말할 수 있다. 뇌는 먹고, 말하고, 운동하고, 공부하고, 생각하고, 기억하고, 잠자는 등의 모든 행동을 관리하는 조종 센터와 같은 구실을 하기 때문이다.

뇌는 몸의 주변에서 일어나는 상황, 예를 들면 추운지, 친구가 오고 있는지, 배가 고픈지, 감기에 걸렸는지, 다쳤는지, 행복한지, 슬픈지 등을 느끼고 판단한다. 이러한 일은 뇌를 구성하는 수백억 개의 신경 세포가 하고 있다. 뇌의 신경 세포는 머리에서부터 발끝까지 온몸에 퍼져 있는 신경 세포와 연결되어 있다.

신경 세포는 다른 세포와 달리 가늘고 긴 돌기를 여럿 가지고 있다. 이 돌기는 다른 신경 세포의 돌기와 연결되어 있으며, 이 돌기를 통해 신경 전류가 흐른다. 만약 손으로 얼음을 만진다면, 손끝의 신경 세포가 느낀 냉기는

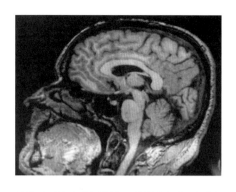

뇌 구조 컴퓨터 단층 촬영으로 본 인체의 뇌 모습이다.

전류의 형태로 뇌의 신경 세포에까지 전달되고, 뇌는 얼음을 만지지 말라는 명령을 신경 세포를 통해 손으로 전달한다.

뇌는 마치 업무가 매우 바쁜 국제 우체국과 비슷하다고 할 수 있다. 전세계에서 오는 우편물을 받아 각 집으로 배달하는 일을 끊임없이, 그것도 아주 빠른 시간에 하기 때문이다. 뇌는 인체 각 부분에 퍼져 있는 신경 세포에서 오는 신호를 1초에 수백만 건 수신하여, 그에 대응하는 적절한 명령 신호를 보내고 있다. 흥미롭게도 뇌는 모든 부분으로부터 오는 통증 신호를 받아들이지만, 뇌 안에 생긴 아픔은 전혀 느끼지 않는다.

뇌는 대뇌, 소뇌, 간뇌 이렇게 3부분으로 크게 나누고 있다. 대뇌는 뇌 전체 크기의 85%를 차지하며 감정, 생각, 기억, 언어 등을 담당한다. 그리고 대뇌는 왼쪽 뇌와 오른쪽 뇌로 나누어져 있다.

소뇌(작은골)는 인체가 무의식적으로 움직이는 동작, 예를 든다면 넘어지지 않고 똑바로 걷고, 뛰고, 운동하고, 놀게 하는 일을 맡고 있다. 그리고 간뇌는 생명과 관계되는 호흡, 소화, 심장 박동 등이 잘 이루어지도록 관리하고 있다.

신경 세포로 구성된 뇌의 모양을 보면 마치 까놓은 호두처럼 쭈글쭈글하여 매우 넓은 표면적을 가지고 있다. 뇌는 인체에서 가장 큰 기관이기도 하다. 6세쯤 되면 뇌의 무게가 약 1.4kg이나 된다. 일반적으로 뇌는 체중의 2%를 차지한다. 그러나 뇌가 소비하는 산소의 양은 온몸이 쓰는 소비량의 20%에 해당한다. 그뿐만 아니라 뇌는 산소가 몇 분간만 공급되지 않아도 회복되지 못하는 심각한 손상을 입어 생명이 위험해진다.

61

키가 작거나 큰 이유는 무엇인가?

키가 작아 고민하는가 하면, 키가 너무 커 염려하는 사람도 있다. 사람의 키는 부모의 영향을 받는 유전적인 조건도 있고, 성장기의 영양 상태라든가 운동, 환경 등 여러 가지 조건과 관련이 있다. 그중에 키가 자라는 데는 성장호르몬의 영향이 매우 크다.

인간의 몸에서는 성장과 생리 작용을 조절하는 수십 가지 호르몬이 분비되고 있다. 각 호르몬은 분비량이 너무 많거나 적으면 병을 일으킨다. 호르몬 중에서도 '뇌하수체'라 부르는 샘에서 분비되는 성장호르몬은 키의 성장에 없어서는 안 되는 역할을 한다. 뇌의 중간 조금 아래쪽에 있어 뇌하수체라 부르는 호르몬샘은 지름이 8mm 정도이다.

뇌하수체 호르몬은 뼈와 근육이 자라도록 자극한다. 만일 이곳에 암이 생겨 호르몬이 과다하게 분비된다면 신장이 2m 30cm를 넘는 거인으로 자라기도 한다. 반면에 너무 소량 분비되면 소인증의 원인이 된다.

성장기에 키가 너무 자라고 있으면, 수술로 뇌하수체의 호르몬 분비량을 감소시키도록 할 수 있다.

그렇다면, 키가 더 크기를 원하는 청소년에게 성장호르몬을 인공적으로 넣어주면 더 자랄 수 있을까?

1956년에 미국의 모리스 라벤 박사는 죽은 사람으로부터 뇌하수체 호르몬을 추출하여 키가 자라지 않고 있는 어린이에게 주사하여 키를 크게 하는 데 처음으로 성공했다. 이후 호르몬으로 왜소증을 치료한 예가 많았다. 그러나 구할 수 있는 호르몬의 양이 너무 부족하여 치료 비용이 매우 많이 들었다. 한편 호르몬 치료를 받은 사람 중에는 얼굴이나 손발이 비정상으로 길어지거나 당뇨병이나 심장병이 생기는 부작용도 나타났다.

2005년경 몇 제약 회사에서 성장호르몬을 인공적으로 합성하는 데 성공하여, 훨씬 값싸게 이용할 수 있게 되었다. 현재 의사들은 키가 자라지 못하고 있는 어린이들에게 매일 저녁 성장호르몬을 주사하는 방법으로 키를 자라도록 하고 있다. 이런 치료는 키 성장이 멈출 때까지 몇 년 동안 계속한다. 키가 자라는 나이를 넘긴 사람은 성장호르몬 치료를 해도 효과가 나타나지 않는다.

62
갓난아기는 왜 이가 없이 태어날까?

갓난아기는 한동안 어머니의 젖을 먹고 자라야 하므로 처음에는 이가 필요치 않다. 그들은 소화 기관이 아직 발달하지 않아 젖 외의 다른 음식은 소화하기 어렵다. 또한 아기는 입의 근육도 성숙하지 못하여 음식을 씹는 능력도 없다.

어머니의 젖을 먹어야 하는 시기에 이가 있다면 젖을 빨 때 젖을 물어 상처를 낼 염려도 있다. 갓난아기는 빠르게 자라 생후 4개월쯤 지나면 부드러운 음식을 조금씩 먹을 수 있게 되고, 2년 정도 지나면 이가 모두 나온다.

아기는 왜 엄지손가락을 빠는가?

아기는 태어나면서부터 어머니의 젖을 빠는 본능을 가지고 있다. 아기는 어머니 젖 대신 우유병의 꼭지도 잘 빤다. 젖먹이는 배가 고프면 무엇이든 입에 닿으면 빨려고 한다. 이럴 때 젖꼭지를 물지 못하면 가짜 젖꼭지나 자기의 엄지를 빨다가 잠이 든다. 젖먹이 동안에 엄지손가락을 빠는 것은 문제가 되지 않는다.

그러나 많은 어린이들은 젖을 뗀 후에도, 드물게는 10살이 되어도 엄지를 빠는 버릇을 가지고 있다. 이렇게 자라서도 엄지를 빨면, 위쪽 치아가 앞으로 밀려 나오고, 아래 치아는 안으로 밀려들어가 아래위 치열이 가지런해지지 못하는 경우가 많다. 엄지를 빠는 버릇은 일찍 고쳐야 한다. 잠잘 때 엄지를 빨 수 없도록 밴드나 붕대 등을 감아두면 곧 그만둘 수 있다.

어린이 중에는 드물게 손톱을 이로 깨무는 버릇을 버리지 못하기도 한다. 빨리 고쳐야 하는 나쁜 습관이므로, 잘 물어뜯는 손가락 끝에 밴드를 감아 손톱을 이에 가져가지 못하게 하여 고치도록 한다. 그래도 버릇이 없어지지 않으면 소아정신과 의사와 상담해야 할 것이다.

64
주사는 왜 팔뚝이나 엉덩이에 놓을까?

인체의 피부에는 머리끝에서 발끝까지 어디나 신경이 뻗어 있다. 손으로 흙을 한 줌 집어 들어보면 흙의 온도, 거기에 포함된 수분의 정도, 흙 입자의 크기와 단단함, 거친 상태 등을 동시에 느낀다. 피부의 신경은 이 외에도 누름, 날카롭기, 아픔, 간지럼 등도 감각한다.

피부는 위치에 따라 촉감의 정도가 조금씩 다르다. 손가락 끝에는 신경이 아주 많이 분포하고 있어 몸의 어디보다 감각이 예민하다. 바늘이나 가시에 찔린다면 손가락 끝부분이 제일 아프게 느껴질 것이다. 반면에 주사를 맞는 팔뚝과 엉덩이 부분에는 신경이 적게 분포하고 있기 때문에 주사바늘의 아픔을 다른 곳보다 조금 느낀다. 또한 이곳은 굵은 혈관이 없고 근육이 많아 혈관을 다치지 않고 주사하기 좋은 곳이기도 하다.

65
폐는 어떻게 저절로 숨 쉬는 운동을 끊임없이 계속할까?

인체는 무의식적으로 숨을 들이쉬고 내쉬고 있다. 심하게 운동하거나 정신적으로 흥분하면 호흡수가 저절로 올라가기도 한다. 폐는 뇌에 있는 호흡 중추의 명령에 따라 숨을 들이쉬고 내쉬는 근육이 교대로 활동하도록 하고 있다.

몸을 이루는 모든 세포는 살아있는 동안 끊임없이 산소를 소비하고 이산화탄소를 내놓고 있다. 산소를 세포까지 운반해 주고 이산화탄소를 받아서 내버리는 일은 적혈구가 한다. 혈액 속의 이산화탄소량이 많아지면 뇌의 호흡 중추는 폐로 하여금 호흡하는 횟수를 늘리도록 명령한다.

운동을 심하게 했을 때 가쁘게 숨을 쉬는 것은 바로 산소를 더 많이 들이마시고 있는 것이다. 운동을 마치고 휴식하면 혈액 속의 이산화탄소량이 줄어들게 된다. 그러면 뇌의 중추는 이런 변화를 알고 폐가 천천히 호흡하도록 조절한다.

66
사람은 얼마나 오래도록 숨을 참을 수 있나?

숨을 얼마나 자주 쉬어야 할지에 대해서는 생각할 필요가 없다. 그 이유는 뇌가 자동으로 호흡을 적절히 조절하기 때문이다. 즉 혈액 속에 이산화탄소의 양이 많아지면 뇌는 숨을 내쉬도록 명령한다. 숨을 내쉬고 나면 자연스럽게 들이쉬어 산소를 폐 안으로 끌어들인다. 이런 숨쉬기는 1분에 보통 10~14번 이루어진다.

그러나 운동을 하여 산소가 대량 필요해지면, 뇌는 더 자주 호흡하도록 조절하여 1분에 15~20회 이상 숨을 쉬도록 명령한다. 이렇게 숨을 자주 쉬어도 근육에 산소가 모자라면, 가슴이 아프도록 숨이 너무 가빠 더 뛰거나 운동하지 못하도록 한다. 쉬는 동안 근육에 충분한 산소가 공급되면 가쁜 호흡은 차츰 줄어든다.

100m 달리기를 하는 선수들은 출발하여 골인할 때까지 숨을 쉬지 않고 단숨에 뛰어간다. 이것은 10초 안팎의 시간 동안은 호흡을 참을 수 있고, 그래야만 더 빨리 달릴 수 있기 때문이다.

물속에서 누가 오래 숨을 참을 수 있는지 겨루기를 한다

다이버 훈련된 다이버들은 일반인보다 긴 시간 물속에서 견딜 수 있다.

면, 대개의 사람은 1분을 견디지 못하고 수면 밖으로 머리를 내밀게 된다. 이것은 그사이에 근육 내의 산소가 부족해짐에 따라 뇌가 호흡을 강제로 하도록 명령했기 때문이다.

훈련된 다이버나 해녀와 같은 사람은 2~3분 동안 숨을 쉬지 않고 견딜 수 있다. 그러나 보통 사람이 2~3분 숨을 쉬지 않으면, 산소 부족으로 그사이에 기절해 버리고 만다. 만일 독가스나 화재 연기가 가득한 곳에서 1~2분 이상 숨을 쉬고 있다면, 이때도 산소가 부족하여 실신할 수 있다.

폐활량이란 무엇이며, 어느 정도인가?

가만히 있을 때는 숨을 조용히 쉬지만 운동을 하면 가슴을 헐떡이며 크게 호흡을 한다. 이것은 많은 산소를 들이마시는 방법이다. 수영장에서 친구들과 숨을 쉬지 않고 물속에서 오래 견디기를 할 때는 물속에 머리를 담그기 전에 폐 가득 숨을 들이킨다.

폐활량이란 자기의 폐에 가득 담을 수 있는 공기의 양이다. 일반적으로 성인 남자의 폐활량은 약 3.5리터이고, 여자는 2.5리터 정도이다. 폐활량은 사람의 체격에 따라서도 차이가 있다.

폐활량이 큰 사람은 잠수를 오래 한다거나, 산소 소비가 많은 맹렬한 운

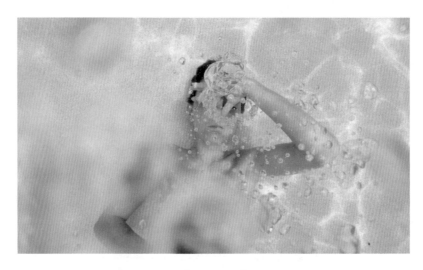

숨 참기 물속에서 오래 참기 경쟁을 하면 폐활량이 큰 사람이 유리하다.

동을 하기에 유리하다. 노래를 부르는 가수도 폐활량이 많아야 유리하고, 트
럼펫을 부는 사람도 길게 숨을 쉴 수 있어야 한다.

태권도장, 검도장, 요가, 명상 센터 등에서는 '단전호흡'이라 하여, 1분
에 4~8회 크게 호흡하는 수련을 한다. 단전호흡할 때는 숨을 내쉴 때, 폐
속의 공기를 모두 내보내고, 들이쉴 때는 폐 가득 채우도록 호흡한다. 단전
(丹田)은 배꼽보다 조금 낮은 아랫배 부분을 의미한다.

68
폐에서 나오는 숨 속에는 탄산가스가 얼마나 포함되어 있나?

공기 중에는 산소가 약 21%, 질소가 약 78%, 그 외에 아르곤(0.94%)과
이산화탄소(탄산가스) 등의 기체가 소량 포함되어 있다. 공기 중에 섞인 이
산화탄소의 양은 0.4%에 불과하다. 그러나 폐로 들어간 공기가 밖으로 나
올 때는 산소가 약 16%, 이산화탄소는 농도가 약 10배 증가한 4% 정도가
포함되어 있다.

질소는 폐를 거쳐 나와도 아무런 화학 변화를 일으키지 않으므로 같은
양이 배출된다. 공기 중의 이산화탄소는 소량이지만 그 영향은 매우 크다.
자동차, 화력발전소, 공장 등에서 이산화탄소를 다량 배출하여 공기 중의
이산화탄소량이 조금 높아지자, 지구의 기온이 전체적으로 높아지는 '온
실 현상'이 일어나고 있다.

지구의 기온이 조금이라도 높아지면 남극과 북극의 얼음이 많이 녹아
내려 바다의 수위가 높아지며, 여러 가지 기상 변화가 발생한다. 과학자들

은 미래의 인류가 이산화탄소를 대량 만들지 않고 살아가는 대책을 연구하고 있다. 석탄과 석유를 사용하는 화력발전소를 줄이고 대신 원자력발전소라든가 태양발전소, 풍력발전소 등을 이용하는 것은 이산화탄소의 발생량을 감소시키는 중요한 방법이다.

69
인체에서 간은 어떤 작용을 하나?

위장, 소장, 대장을 소화 기관이라 하는데, 이들 소화 기관에는 간(간장)과 췌장(이자), 그리고 담낭(쓸개) 3기관이 연결되어 있다. 내장 조직 가운데 가장 커다란 간은 독특한 모양을 가진 수십억 개의 간세포로 구성되어 있으며, 여러 가지 중요한 역할을 한다. 간을 떼어낸 사람이 있다면 그는 24시간도 지나지 않아 죽게 된다.

간은 마치 화학 공장과 같아 소화에 중요한 역할을 하는 담즙(쓸개즙)을 생산하여 담낭(쓸개)으로 보낸다. 담낭은 간이 만든 담즙(쓸개즙)을 저장해 두고 있다가 소화 기관으로 보낸다. 쓸개즙에는 단백질, 지방, 탄수화물을 분해하는 여러 종류의 소화 효소가 들어있다. 췌장도 강력한 소화 효소가 포함된 즙을 생산한다.

간은 수명이 오래된 적혈구를 구별하여 파괴한 후 그 성분을 필수 영양분으로 재활용하도록 한다. 간은 분해된 적혈구와 저장된 지방질을 이용하여 몸에 필요한 콜레스테롤과 담즙을 만들고 있다.

간은 몸에 들어온 낯선 약물이나 화학 물질(유독 물질)을 분해하여 안전한 상태로 만드는 해독 작용도 한다. 이 외에도 간은 몸의 활동 에너지가 되는 단백질, 글리코겐과 비타민 등을 만들어 필요한 기관으로 보내고 있다.

70
담낭(쓸개)은 무슨 역할을 하나?

인간을 포함한 포유동물의 간에서는 담즙이라 불리는 황록색 소화액이 끊임없이 생산되어 쓸개 또는 담낭이라 부르는 주머니에 저장된다. 인체의 담낭에 저장된 담즙은 담관이라는 관을 통해 작은창자로 흘러 들어가 지방질 분자를 잘게 분해하는 작용을 한다. 담즙에 의해 작은 분자로 분해된 지방질은 작은창자 벽에서 모세혈관으로 흡수되어 온몸으로 전달된다. 성인은 경우 하루에 400~800㎖(밀리리터, 1㎖=0.0001ℓ) 정도의 담즙을 생산한다. 인간의 변이 갈색인 것은 이 담즙이 섞여 있기 때문이다.

71
맹장은 무슨 역할을 하나?

음식을 먹으면 식도, 위, 소장, 대장을 거치면서 소화되고, 남은 것은 항문으로 배출된다. 소장과 대장이 연결되는 부분에 맹장이라 부르는 부분이 있다. 맹장의 크기는 4~5cm 정도로 짧은데, 이 맹장에 충수라 불리는 작은 주머니가 붙어 있다. 사람들 중에는 이 충수에 원인이 불명확한 염

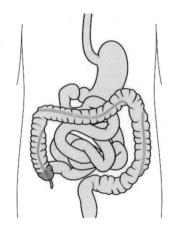

맹장 맹장염이 되면 그 부위를 제거하
는 수술을 한다. 이 부분이 없어도 아
무런 이상이 없다. 맹장은 고대 인류에
게 필요했던 퇴화된 기관이라 생각되
고 있다.

증이 발생하는데, 이를 충수염 또는 맹장염이라 한다. 충수염이 되면 오른
쪽 하복부에 통증이 생긴다.

충수염은 항생제로 치료하기도 하지만, 악화되면 수술을 한다. 만일 치
료가 늦어지면 복막염이 되어 치료가 더 어려워진다. 맹장은 소장에서 소
화되고 남은 음식물 속의 수분과 염분을 흡수하고, 점액을 분비하여 내용
물과 섞어주는 역할을 한다. 점액이 혼합된 내용물은 대장 속을 쉽게 지나
항문으로 잘 나갈 수 있게 된다.

72
사람에게는 왜 꼬리가 없나?

많은 과학자들이 인류의 조상은 유인원(원숭이 무리)이었다고 생각한다.
원숭이 무리 종류는 대부분 꼬리를 가지고 있으며, 그들의 꼬리는 몸의 균

원숭이 꼬리 많은 종류의 원숭이들은 꼬리가 있다. 그러나 인류에 가까운 고릴라, 침팬지, 오랑우탄 등의 유인원 무리는 꼬리가 퇴화했다.

형을 잡아주기도 하고, 꼬리를 나뭇가지에 걸어 매달릴 수도 있다. 그러나 약 2,500만 년 전에 나타난 유인원 무리(고릴라, 침팬지, 오랑우탄)들은 나무에서만 아니라 지상에서 걸어 다니면서 생활하게 됨에 따라 그들의 꼬리가 없어지기 시작했다고 생각하고 있다.

인간의 척추뼈 끝에는 미골 또는 꼬리뼈라 부르는 뼈가 조금 붙어 있다. 이 미골을 많은 과학자들은 꼬리가 퇴화되고 남은 흔적이라고 생각한다. 그러나 인류에게 꼬리가 없어진 이유, 없어진 시기 등은 확실히 알지 못하고 있다. 다만 과학자들은 인류가 유인원에서 진화하여 지상 생활을 하게 되면서 거추장스러운 꼬리를 퇴화시켜버리고, 꼬리뼈라는 흔적만 남기게 되었다고 생각한다. 2024년 초, 일단의 과학자들은 인간의 꼬리가 없어진 이유를 TBXT라 불리는 유전자가 퇴화해 버렸기 때문이라고 발표했다.

73

의사는 환자의 간 기능을 왜 수시로 검사할까?

어떤 병을 치료하기 위해 먹는 약에는 치료 작용을 하는 성분이 들어있지만 부작용을 일으키는 성분도 포함된 경우가 많다. 다행스럽게도 치료약에 포함된 유독 성분은 간에서 무독한 상태로 분해된다. 그러나 간으로 유독한 성분이 끊임없이 대량 들어온다면, 간은 그들을 해독하느라 지쳐 고장이 생긴다. 간염, 간경화, 간암이라 부르는 병들은 지나치게 들어온 유독 성분과 관계가 깊다.

의사는 장기간 같은 약을 먹는 환자에 대해서는 정기적으로 간 기능 검사를 하여 간이 건강하게 정상으로 활동하는지 확인한다. 간이 무리하게 활동하여 피곤해져 있다고 판단되면, 당분간 약 먹는 것을 중단시키거나, 독성이 적은 다른 약으로 바꾸어 먹도록 처방하기도 한다.

간은 몸에 들어온 알코올을 분해하는 역할도 한다. 그러나 간의 주인이 너무 많은 술을 매일 마시거나, 독성이 있는 약을 오래 먹거나 하면, 간의 일부가 파괴되기도 한다. 다행스럽게도 간은 놀라운 회복 능력이 있어, 고장 난 부분을 새로 재생시키기도 한다.

술을 마시면 왜 취하고 기억을 잃기도 할까?

술을 마시면 그 속에 포함된 알코올 성분은 소장으로 내려가지 않고 위벽의 혈관을 통해 바로 흡수된다. 혈관 속의 알코올양이 늘어나면 혈액의 흐름이 빨라지고 체온이 오르며 정신적으로 흥분하게 된다.

혈관 속의 알코올은 간에서 효소에 의해 아세트알데하이드라는 물질로 분해된다. 아세트알데하이드는 사람의 정신을 몽롱하게 하고, 어지럼증이 생기게 하며, 구토를 일으키기도 한다. 과음한 사람이 토하는 것은 알코올을 더 받아들이지 않으려는 신체의 보호 반응이다.

술을 먹은 후 머리가 아프고 균형 감각이 둔해져 비틀거리며, 정신 활동이 평상시와 달라지는 것은 뇌의 정상 기능을 방해하는 아세트알데하이드의 작용이다. 아세트알데하이드는 시간이 지나면 아세트산과 물로 분해되어 소변으로 빠져나간다.

사람에 따라 음주량이 다른 것은 여러 가지 원인이 있다. 일부 사람은 알코올을 분해하는 효소가 선천적으로 분비되지 않아 전혀 술을 마실 수 없는 경우도 있다. 과음을 장기간 하게 되면 알코올을 분해해야 하는 간이 피로해져 치명적인 간염이라든가 간암에 걸릴 위험이 커진다.

4장

중요 감각 기관의 건강

75

비행기를 타고 높이 올라가면 왜 귀가 먹먹해지나?

귀 안의 고막은 매우 얇은 막이다. 귓속으로 음파가 들어오면 고막이 북처럼 진동하여, 그 진동을 내부(중이)에 있는 3개의 작은 뼈로 전달한다. 여기서 음파는 더욱 큰 진동 신호로 변하여 청신경을 통해 뇌로 전달된다.

고막 바로 뒤에는 콧구멍 내부(비강)와 연결된 '유스타키오관'이라는 관이 있다. 코의 내부와 귓구멍은 이 관을 통해 서로 열려 있으며, 그 사이를 고막이 막고 있다. 그러므로 코 내부와 귓구멍 사이는 기압이 늘 같다 (그림 참조).

평소 유스타키오관은 살짝 닫혀 있다. 코를 심하게 풀면, 코안의 기압이 높아져 고막을 누르는 결과가 되어 고막이 먹먹해질 수 있다. 그러므로 코를 풀 때는 반드시 한 쪽씩 차례로 풀도록 해야 한다.

비행기를 타고 고공으로 급히 오르면, 그곳은 기압이 낮다. 이때 고막은 기압이 높은 코 내부(비강)로부터 밀리므로 일시적으로 먹먹해진다. 반

이륙 차를 타고 가파른 고개를 오르거나, 비행기가 이륙하여 고도가 높아지면 귀가 먹먹해진다. 이러한 현상은 내려올 때도 발생한다.

대로 고공에서 지상으로 내려올 때는 기압이 높아짐에 따라 고막이 안쪽으로 눌려 그때도 먹먹함을 느끼게 된다. 이런 현상은 차를 타고 가파른 고갯길을 오르거나 내려올 때도 느낄 수 있다. 이럴 때 하품을 하거나 입을 크게 벌리거나 하면, 유스타키오관이 잠시 열리면서 고막 안팎의 기압이 같아진다. 고막이 제자리로 돌아가면 먹먹함이 사라진다.

감기가 심하게 들어도 먹먹함을 느낄 수 있다. 이때는 코 내부에 점액이 많아져 유스타키오관을 막기 때문이다. 또 수영 중에 깊이 잠수하면 수압이 고막을 눌러 그때도 먹먹함을 느낀다. 만일 비행 중에 생긴 먹먹함과 난청이 시간이 지나도 사라지지 않는다면 의사의 진료를 받아봐야 한다.

귀울림(이명)은 어떤 때 왜 들리나?

귀는 소리를 듣는 감각 기관이다. 사방이 쥐 죽은 듯 고요한 장소 또는 밤중에 귀 안에서 어떤 소리가 같은 상태로 들릴 때, 이런 소리를 귀울림 또는 이명이라 한다. 귀울림 소리는 라디오를 틀었을 때 방송국과 다른 방송국 주파수 사이에 들리는 잡음처럼 들리거나, 작은 벌레 소리처럼 느껴지기도 한다. 귀울림 소리는 사람에 따라 조금씩 달라, 어떤 이는 "마치 군대가 행진하는 소리처럼 들린다."고 말하기도 한다.

이런 이명은 귀 가까이서 폭발음을 들었거나, 장난으로 친구가 귀 옆에서 손바닥을 크게 쳤거나, 소방차가 시끄러운 경적을 울리며 가까이 지나갔거나, 요란한 밴드 연주를 막 들었거나, 이어폰을 끼고 오래도록 고음의 음악을 들었거나 했을 때 잠시 동안 들린다.

이명은 시간이 지나면 사라진다. 그러나 평소에 이명이 큰 소리로 계속해서 들린다면 귀에 이상이 있을 가능성이 있다. 소리가 들리는 것은 귓구멍으로 들어온 음파가 고막을 울리기 때문이다. 고막의 바로 뒤 속귀에는 3개의 작은 뼈가 붙어 있다. 이 세 뼈는 뼈의 생김새에 따라 각기 망치뼈(추골), 모루뼈(침골), 등자뼈(등골)라 부르며, 고막의 진동에 따라 떨리게 된다.

이 뼈 안쪽에는 액체로 가득한 길이 2.5cm쯤 되는 달팽이관(와우)이라는 기관이 있다. 3개의 뼈가 진동하면 그 움직임이 달팽이관 속의 액체를 흔들게 한다. 그런데 액체가 고인 그 바닥에는 수천 개의 가느다란 털 세포가 마치 물밑에서 자라는 수초처럼 흔들리고 있다.

귀가 소리를 정상으로 들으려면 이 털 세포의 작용이 매우 중요하다.

액체가 흔들리면 털 세포도 함께 움직여 전류가 생겨나는데, 이때 발생한 전류가 신경을 따라 뇌에 전달된다. 뇌는 이 전류를 받아 그것이 피아노 소리인지, 새소리인지, 누구의 목소리인지 판단한다.

이 털 세포는 연약하다. 큰 소리를 듣거나 머리를 심하게 부딪치거나 하면 상처를 입어 청신경으로 전류를 제대로 보내지 못한다. 상처 입은 털 세포가 회복되지 못하고 일부가 아주 손상된다면, 연속적으로 청신경 속으로 전류를 보내게 되고, 뇌는 그것을 귀울림 소리로 듣게 된다.

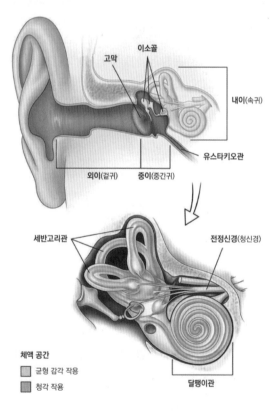

귀 내부 귀의 내부 구조를 살펴보자. '세반고리관'은 반원 모양
을 한 고리 3개로 이루어진 관을 의미한다.

폭음처럼 너무 큰 소리를 듣거나, 머리가 심하게 부딪치거나, 감기에 걸렸을 때 코를 잘못 심하게 풀거나 하면 털 세포가 부상을 당한다. 이명이 생기는 다른 원인으로 귀 주변 혈관의 혈액 순환 장애, 고혈압, 과다 콜레스테롤, 담배의 니코틴이나 커피 속의 카페인, 키니네(퀴닌)와 같은 약물, 피로 회복용 음료, 스트레스 등이 있다.

귀울림은 시간이 지나면 대부분 낫지만 회복되지 않는 경우가 있다. 이명이 다소 있어도 생활에는 지장이 없지만, 심하면 귀 전문의의 치료를 받아야 한다. 귀울림은 조용한 장소에서만 들린다. 가벼운 정도라면 라디오 소리나 시계의 초침 소리만 들려도 이명은 잘 느끼지 못한다. 귀울림이 있는 사람은 그 소리를 의식하지 않도록 노력해야 한다. 이명에 신경을 쓰면 괴로움을 느끼게 되기 때문이다.

77
노인이 되면 왜 청각이 둔해지나?

숲속에 들어가면 바람에 흔들리는 나뭇잎 소리나 새소리만 들릴 뿐 조용하다. 아프리카나 열대 지방의 자연에서 생활하며 일생 살아온 원주민들은 나이가 80세에 이르러도 시력과 청력이 현대 도시의 어린이들보다 더 좋은 경우가 많다. 심지어 병원에 한 번도 가지 않았지만, 이가 튼튼하고 건강한 심장을 가진 노인도 많다.

인류는 지구상에 나타난 이후 수백만 년을 조용한 자연 속에서 살아왔기 때문에 귀는 작은 소리를 잘 듣도록 진화해 왔다. 원시시대의 인류는 마치 야생의 동물들처럼 멀리서 우는 새나 짐승의 소리를 들을 수 있는 예민한 청각을 가져야 했다. 그들은 100m 밖에서 말하는 사람의 소리도 알아들을 수 있었다.

그러나 현대 생활을 하는 대부분의 사람은 청각(청력)이 둔화하였으며, 그중에는 아주 심하게 청력이 약해진 사람도 많다. 문명 세계를 맞이하면서 과거 수백만 년 동안 듣지 못했던 제트기의 이착륙 소리, 총포 소리, 광산이나 도로를 뚫는 드릴 소리, 수십 가지 악기를 동시에 연주하는 관현악이나 밴드 소리, 자동차 엔진과 경적, 공장이나 공사장의 기계 소리, 선박의 기관실 엔진 소리, 라디오와 텔레비전 방송 소리 등을 듣게 되었다.

많은 사람은 듣기 싫은 소음을 온종일 들으며 일해야 하는 직업을 가지고 있다. 이처럼 장시간 소음을 듣거나, 순간적이라도 너무 큰 소리를 듣거나 하면 청각이 둔해지거나 이상이 생긴다. 그러므로 청각이 손상된 사람은 오래 살아온 노인이 더 많게 마련이다. 청각이 상하여 사회생활이 불편한 사람은 마치 눈이 나쁜 사람의 안경처럼 적절한 보청기를 사용한다. 보청기는 작은 소리가 크게 들리도록 만든 소형 전자장치이다.

78
양쪽 귀를 꽉 막아도 소리가 조금 들리는 이유는 무엇인가?

소리를 들을 수 있는 것은 귓구멍으로 들어온 음파가 고막을 진동시킨 결과이다. 그런데 두 손가락으로 양쪽 귓구멍을 아무리 꽉 막아도 외부의 소리가 크면 조금은 들린다. 그뿐만 아니라 배가 고플 때 뱃속에서 공기가 이동하는 소리도 들리고, 치아 부딪치는 소리라든가 심지어 자기의 숨소리도 들린다.

실험으로 고무 밴드 하나를 이에 걸고 한 손으로 끝을 당긴 상태로, 다른 손 손가락으로 고무 밴드를 퉁겨보자. 그러면 이에 걸려 고무줄이 진동하는 경쾌한 소리가 귀에 들린다. 이 소리는 고무 밴드의 진동이 이를 진동시키고, 그 진동이 턱을 지나 귀의 고막을 울리기 때문이다.

외부에서 발생한 큰 소리는 몸 전체를 진동시켜 뼈가 진동하도록 하고, 그것이 귀의 고막까지 떨리게 할 수 있다. 숨소리나 배 속의 소리도 마찬가지 이유로 귀에 들린다.

79
귀는 왜 양쪽에 있으며, 귓바퀴는 무슨 역할을 하나?

귀가 양쪽에 있지 않다면 스테레오로 음악을 듣지 못한다. 길게 전화를 할 때 팔이 아프면 양쪽에 귀가 있어 전화기를 다른 손으로 옮겨 통화하기 좋다. 사람들은 귀가 양쪽에 있어 안경을 걸 수 있고, 마스크도 할 수 있다고 말한다.

인체는 일부 기관을 양쪽에 둘씩 가지고 있다. 눈이 좌우에 있는 것은 물체를 입체로 볼 수 있게 하고, 마찬가지로 귀도 양쪽에 있기 때문에 소리가 들려오는 방향을 쉽게 판단할 수 있게 한다. 양쪽 귀의 고막에 소리가 도착하는 시간에 조금이라도 차이가 있으면, 뇌는 각 귀에 도착한 음파의 시간 차이를 판단하여 소리의 방향을 아는 놀라운 능력을 갖췄다.

귓바퀴는 소리를 모아 귓구멍 안으로 보내는 접시 모양의 안테나와 같은 역할을 한다. 실험으로 눈을 가린 친구의 얼굴 정면, 뒷면, 머리 정수리 위에서 탁상시계의 소리를 들려주면서 소리가 들리는 방향을 물어본다면, 친구는 분명히 머리 앞, 뒤, 정수리를 구분할 것이다. 이때 귓바퀴는 소리가 정면에서 오는지 뒤에서 오는지, 또는 머리 위에서 오는지 판단하는 데 도움을 준다.

눈과 귀 외에 폐와 콩팥이 좌우에 각각 있는 것도 다행이다. 어느 한쪽에 이상이 생겨 기능이 정지되더라도 하나만으로 살아갈 수 있기 때문이다.

80
자기 귀에 들리는 목소리와 녹음기의 내 목소리는 왜 다른가?

녹음기를 통해 자신의 목소리를 처음 듣는 사람은 누구나 자기의 귀를 의심한다. 자신이 평소 느껴온 음성이 아니기 때문이다. 녹음기를 통해 들리는 자신의 음성은 입에서 나온 소리가 귀의 고막으로 직접 전해온 소리이다. 그러나 자기 귀에 들리는 자신의 목소리는 입에서 나온 음파가 공기 중으로 고막까지 전해온 진동과, 입에서 말한 소리가 머리뼈를 진동시켜 고막에 전해진 두 가지 진동을 동시에 느끼는 소리이다.

그러므로 자신의 귀에 들리는 음성은 올바른 자기 소리가 아니다. 독창 연습을 하거나 웅변이나 연구 발표를 준비할 때는 녹음기로 자기 소리를 직접 들으며 발음 연습을 하는 것이 도움이 된다.

귀지는 왜 생기며 귀지 청소는 어떻게 하는 것이 안전한가?

귓구멍(외이도)의 길이는 약 2.5cm이다. 귓구멍 벽에서는 기름 성분이 분비되는데, 여기에 피부에서 떨어진 각질과 외부에서 들어간 먼지가 붙어 귀지가 된다. 어떤 경우에는 마른 귀지가 생기고, 때로는 젖은 귀지가 생기기도 한다. 귀지는 어느 정도 많이 들어있어도 소리를 듣는 데는 지장이 없다.

귀지는 얼마큼 시간이 지나면 말할 때나 음식을 씹을 때 얼굴의 근육이 흔들려 저절로 떨어져 밖으로 나온다. 그러나 귀이개나 면봉으로 일부러 귀지를 파내면, 귀지를 더 안으로 밀어 넣거나, 귓속에 상처를 내어 귓병을 앓을 위험이 있다. 그러므로 의사들은 귀를 후비지 않아야 한다고 경고한다.

드문 일이지만, 귀지가 심하게 생겨 소리를 잘 듣지 못하는 경우가 있다. 그럴 때는 이비인후과에 가서 청소하도록 한다. 귀지가 많이 생겨 있을 때 귀에 물이 들어가면, 거기에 세균이 증식하여 염증을 일으킬 수 있다. 개나 고양이와 같은 동물들도 귀지가 생긴다. 그러나 그들은 일생 귀를 후비지 않아도 막히는 일 없이 살아간다.

눈은 어떻게 빛을 감각하나?

눈으로 들어온 빛은 안구의 제일 안쪽 망막이라는 곳에 도달하여 그곳의 시신경 세포를 자극하고, 그 자극이 뇌에 전달되어 상을 느끼게 된다. 망막이란 수많은 시신경 세포로 구성된 조직을 말하며, 안구 뒤쪽의 3분의 2를 차지한다.

시신경 세포(시세포)를 '광수용 세포'라고도 말한다. 시신경 세포는 간상 세포와 원추 세포 두 가지로 이루어져 있다. 간상 세포는 현미경으로 보았을 때 막대 모양을 하고 있으며, 어두운 곳에서 물체를 잘 보는 성질을 가졌다. 간상 세포는 색체를 구분하지 못하고 물체를 흑백 TV처럼 본다. 이런 간상 세포는 어두운 곳에서 시각 기능을 잘 발휘한다.

반면에 원추 세포는 물체의 형태를 뚜렷하게 구분할 뿐만 아니라 색채를 느끼는 세포이다. 망막에는 빨강, 파랑, 초록 3원색을 각각 느끼는 3가지 원추 세포가 분포해 있다. 이들 원추 세포가 각 색을 느낌으로써 수만 가지 색을 구분한다.

안경원숭이 쥐 크기 정도로 매우 작은 안경원숭이는 큰 눈을 가졌으며 주로 밤에 활동한다.

장미꽃을 바라보고 있다면 눈의 시신경은 장미의 모양, 색채, 밝기, 바람에 흔들리는 모습을 동시에 느낀다. 만일 장미의 모양이 입체로 선명하게 보이지 않는다면 양쪽 눈의 시력이 크게 다른 장애가 있는 것이다.

혹시 꽃의 색을 제대로 판별하지 못한다면 색맹이라 부르는 장애가 있고, 어두운 곳에 가면 전혀 앞을 보기 어렵다면 야맹증 장애가 있다.

83

갑자기 밝은 곳에 나가면 왜 눈이 부시고,
어두운 곳에 들어가면 한참 동안 주변이 보이지 않나?

앞의 질문에서 눈의 망막에는 어둠 속에서 활동하는 간상 세포와 밝은 곳에서 작용하는 원추 세포가 있다고 했다. 각 눈에는 약 1억 개의 간상 세포와 약 300만 개의 원추 세포가 있다. 어두운 실내에 있을 때는 간상 세포가 작용하여 감각을 한다. 이럴 때 갑자기 밝은 곳으로 나가면, 간상 세포의 활동이 멈추고 원추 세포가 활동을 시작한다. 이렇게 기능을 서로 교대할 때까지 시간이 걸리는데, 그동안 눈부심을 느낀다. 잠시 지나면 눈부심이 사라지는데, 이를 명순응이라 한다.

반대로 밝은 곳에 있다가 어두운 장소(예를 들어 영화관)에 들어가면, 원추 세포의 작용이 멈추므로 얼마 동안 아무것도 보이지 않는다. 그러나 조금 시간이 지나면 간상 세포가 활동을 시작하여 차츰 주변이 보이게 된다. 이렇게 어둠에 익숙해지는 것을 암순응이라 하며, 암순응은 명순응보다 시간이 더 많이 걸린다.

밤눈이 어두운 야맹증은 왜 걸리나?

밤길이나 어두운 곳에 가면 거의 앞을 보지 못하는 사람이 드물게 있다. 이런 사람을 야맹증 또는 밤눈이 어두운 사람이라 하는데, 선천적으로 야맹증인 사람도 있고, 몸에 비타민A가 부족하여 나타나기도 한다. 오늘날에는 영양 상태가 좋기 때문에 비타민 부족으로 야맹증이 된 사람은 찾아보기 어렵다.

시신경 중에 간상 세포에 이상이 있으면 야맹증이 된다. 비타민 부족이 원인이라면 비타민을 섭취함으로써 회복할 수 있으나, 선천적인 경우에는 일생 불편을 느껴야 한다. 야맹증은 자손에게 전해지는 유전병의 하나이기도 하다.

색을 잘 구분하지 못하는 색맹의 원인은 무엇인가?

〈질문 82〉를 설명하면서 눈의 망막에는 3가지 원추 세포가 있고, 각각 빛의 3원색을 구분하여 봄으로써 세상의 물체를 원색으로 느낀다고 설명했다. 이 원추 세포에 결함이 있으면 색을 정상인과 다르게 느끼는 색의 맹인(색맹)이 된다. 색맹인 중에서 3가지 원추 세포 모두 이상이 있어 3색 전부를 구별하지 못하고 간상 세포로 흑백의 상만 보는 색맹을 '전색맹'이라 한다.

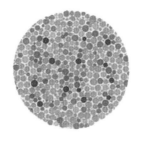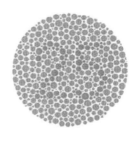

색맹 색맹 검사를 할 때는 푸른색, 초록색, 노란색 점 속에 나타낸 숫자를 찾아내어 읽을 수 있는지 확인한다.

한편 빨강, 초록, 파랑 3원색 중 어느 한 가지나 두 가지 색을 구별하는데 지장이 있는 색맹은 '부분 색맹'이라 한다. 부분 색맹은 적록 색맹이 많다. 붉은색 색맹은 붉은색과 초록색을 구별하기 어려워하고, 청색 색맹은 파란색과 노란색 구별이 어려우며, 초록 색맹은 녹색만 보지 못한다.

색맹은 유전되는 형질이며 성염색체(X염색체)에 담겨있다. 색맹은 여자보다 남자가 20배 정도 많이 나타난다. 과거에는 색맹인 사람의 진학이나 취업에 지장이 있었으나 오늘날에는 색 판별이 중요한 특별한 직업에서만 취업에 문제가 된다.

86
눈은 왜 잔상(殘像)을 느낄까?

눈은 바라보고 있던 물체를 치우더라도 잠시 그것이 그 자리에 있는 것처럼 느낀다. 이런 현상을 잔상(남아 있는 상)이라 한다. 선풍기나 비행기의 프로펠러가 빠른 속도로 회전하는 것을 보면, 프로펠러가 서로 붙은 것처럼 보인다. 영화의 필름은 영상이 하나하나 떨어져 있지만, 그것을 스크린에 상영하면 연속된 활동상으로 보인다. 이 모두가 잔상 현상으로 일어나는 일종의 착시이다.

눈의 잔상 시간은 빛의 밝기라든가 눈의 상태 등에 따라 약간 차이가 있지만, 약 16분의 1초(약 0.03~0.04초) 동안이다. 영화의 필름은 1초에 24매가 돌아간다. 앞의 상이 사라지기 전에 다음 상이 겹치므로 연속된 자연스러운 동작으로 보인다. 텔레비전의 화면도 매초 25회 이상 연속된 화면이 비치고 있다. 텔레비전을 켜고 화면 앞에서 막대기를 좌우로 흔들어보면, 막대기가 연속하여 보이지 않고 뚝뚝 끊어진 상태로 느껴진다. 이것은 텔레비전의 상도 잔상이기 때문에 나타나는 현상이다.

87
프로펠러가 천천히 돌아갈 때는 회전 방향이 바르게 보이지만 회전 속도가 조금 빨라지면 왜 역회전하는 것처럼 보일까?

선풍기의 프로펠러 날개 하나 끝에 붉은색 얼룩이 시계 문자판의 12시 위치에 있다고 생각하자. 선풍기 날개가 시계 방향으로 잔상 시간보다 빠르게 돌고 있으면, 12시 방향의 붉은 점은 다음 회전에는 1시 방향, 그다음에는 2시 방향, 3시 방향, 이런 식으로 보이므로 시계 방향으로 도는 상태로 보인다.

그러나 회전 속도가 더 빨라져 붉은 점이 11시 방향, 10시 방향, 9시

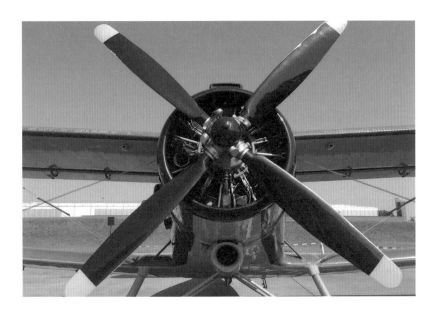

프로펠러 인간의 눈은 매우 정확하게 사물을 보기도 하지만 여러 가지 착시 현상도 일으킨다. 프로 펠러가 돌기 시작하여 일정 속도가 되면 반대 방향으로 회전하는 것처럼 보이는 것은 착시 현상의 하나이다.

방향으로 이동하여 보이게 되면, 뇌는 프로펠러가 반대 방향으로 도는 것으로 착시(착각)를 한다. 회전 속도가 더 빨라지면 다시 시계 방향으로 보이고, 더 고속으로 회전하면 붉은 점을 볼 수 없게 된다.

회전하던 팽이가 힘을 잃고 쓰러지기 직전에 반대 방향으로 돌다가 멈추는 것처럼 보이는 것도 이와 같은 잔상에 의한 착시 현상 때문이다.

눈의 수정체도 세포인데 왜 투명할까?

카메라의 렌즈를 보면 아주 투명한 유리로 만들어져 있다. 렌즈가 투명하지 않다면 빛이 잘 통과하지 못해 사진이 선명하게 찍히지 않을 것이다. 인간의 눈도 마찬가지이다. 수정체가 투명하지 않다면 선명하게 보이지 않을 것이다.

눈의 수정체는 동공 바로 뒤에 있는 볼록렌즈 모양의 조직이다. 수정체는 카메라의 렌즈 역할을 하기 때문에 영어로는 렌즈(lens)라 부른다. 수정체는 가까운 곳을 볼 때는 볼록해지고, 먼 곳을 볼 때는 납작해져 망막에 초점이 잘 맞을 수 있도록 해준다.

생물의 몸은 모두 세포로 구성되어 있고, 세포 속에는 핵, 미토콘드리아, 소포체, 골지체, 단백질, 지방질 등이 들어 있다. 그러므로 일반 세포들은 투명할 수 없다. 또 세포가 있는 곳에는 산소와 영양을 공급하는 붉은 모세혈관도 연결되어 있다.

그러나 눈의 수정체 세포는 투명해지기 위해 눈이 생겨나는 도중에 많은 것을 버린다. 유전정보를 담고 있는 세포핵을 비롯하여 에너지를 만드는 미토콘드리아, 단백질과 지방을 합성하는 소포체, 골지체 등도 없애버렸다.

그리하여 수정체에는 '크리스탈린'이라 부르는 단백질만 남아 규칙적으로 배열되었다. 이 물질은 투명한 유리나 수정처럼 빛을 균일하게 굴절하는 성질을 가졌다. 만일 수정체를 구성하는 크리스탈린 단백질이 다치거나 이상이 생기면 뿌옇게 흐려져 백내장을 일으키게 된다. 수정체가 맑지 못하면 빛 중에 투과력이 약한 보라색 빛이 망막에 도달하지 못하여 푸른색을 잘 못 보는 색맹이 될 수 있다.

수정체의 세포 주변에는 모세혈관도 없다. 그러나 수정체 세포에 필요한 영양 물질은 주변의 액체로부터 공급받는다. 수정체 뒤의 안구 대부분은 투명한 액체로 가득한데, 이곳을 유리체라 한다.

프랑스의 화가 모네는 붉은색과 노란색을 많이 쓴 그림을 그렸는데, 그것은 그가 백내장에 걸린 이후 그린 것이라고 알려져 있다.

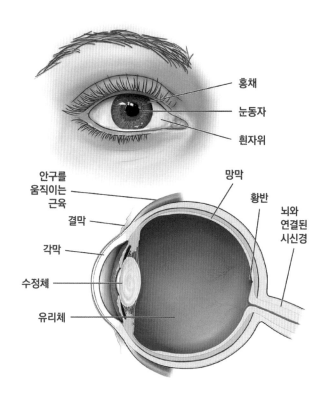

홍채
눈동자
흰자위

안구를 움직이는 근육
결막
각막
수정체
유리체

망막
황반
뇌와 연결된 시신경

눈의 구조 인간의 눈 구조를 간단히 설명하는 그림이다.

눈은 둘인데 왜 물체는 하나로 보일까?

눈으로 사물을 바라보면 물체에서 반사된 빛이 양쪽 눈으로 들어가 마치 영화관의 스크린처럼 망막에 영상을 맺는다. 이 영상이 전기 신호로 바뀌어 뇌에 전달되면 상을 느끼게 된다. 이때 뇌는 두 눈으로 들어온 각각의 신호를 합쳐 하나의 상으로 인식한다.

좌우 두 눈은 서로 6cm쯤 떨어져 있다. 그러므로 각 눈이 하나의 물체를 바라보는 각도가 조금 다르고, 이 차이 때문에 입체감을 느낄 수 있다. 손에 연필을 수평으로 쥐고 지우개 쪽이 눈앞에, 끝이 멀리 향하도록 하여, 한 눈씩 깜고 지우개를 쳐다보면 서로 다른 각도로 보인다는 것을 확인할 수 있다.

또 양손에 연필을 각각 상하로 쥐고, 연필 끝이 서로 마주 닿도록 해보자. 이 실험을 한 눈을 감고 해보자. 두 눈을 뜨고 하면 끝끼리 잘 마주치지만, 한쪽 눈을 감으면 틀리기 쉽다. 한쪽 눈으로만 보면 입체만 아니라 깊이도 잘 분간하지 못한다. 쌍안경도 두 눈으로 보게 되어 멀리 있는 물체를 입체로 보도록 해준다. 입체상을 흔히 '3차원 영상'이라 말한다.

사람은 사시가 아닌 한 두 눈이 정면을 향한다. 그러나 다른 포유동물이나 새, 곤충 등의 동물들은 두 눈이 좌우를 각기 바라보도록 붙어 있다. 이런 눈은 입체상은 보지 못하나 주변 전체를 살피면서 먹이를 잡고 적을 경계하는 데 편리하다.

곤충의 커다란 눈은 수많은 낱눈(단안)이 서로 붙은 겹눈(복안)이다. 집파리의 한 눈은 약 4,000개의 낱눈으로 구성되어 있다. 그런 단안으로 꽃을 쳐다본다면, 각 단안은 꽃의 일부분씩만 본다. 그러나 곤충의 뇌는 그것을 전체적인 상으로 판단한다. 이것은 마치 퍼즐의 조각 그림이 하나하나 떨어져 있더라도 전체가 하나의 그림으로 보이는 것과 같다.

곤충이 가진 이런 복안은 가까운 것은 아주 잘 보지만 먼 것은 잘 보지 못한다. 가지 끝에 앉은 잠자리를 손으로 잡으려 해보면, 가까이 갈 때까지 눈치채지 못한다. 그러나 막상 잡으려고 손을 내밀면 금방 날아가 버린다. 파리를 잡을 때도 마찬가지이다.

곤충은 모두 작고 약한 동물이다. 그러므로 큰 동물과 달리 그들에게는 몇 미터 멀리 있는 것을 잘 보는 것보다 바로 몇 센티미터 앞 가까이 있는 것을 잘 보아야 살아남기에 유리하다.

90
왜 시력이 나쁜 사람이 과거보다 많아졌을까?

안경을 늘 쓰고 살아야 한다는 것은 불편한 생활이다. TV가 일반화되기 전인 1960년대 이전 어린이들은 거의 눈이 좋았다. 그러나 TV가 보급된 이후부터 근시 어린이가 많아지기 시작했으며, 지금은 컴퓨터와 스마트폰 때문에 더 많은 근시안이 생기고 있다.

자연 속에서 원시생활을 하며 자라는 아프리카와 남아메리카, 또는 열대 아시아의 밀림 지대에 사는 어린이 중에서는 근시를 찾아보기 어렵다. 근시가 되어 일생 안경이나 콘택트렌즈를 사용해야 한다는 것은 매우 불편한 일이다. 근시는 분명히 눈의 건강을 잃은 상태이다.

의사나 부모님은 어린이들이 스마트폰이나 텔레비전을 볼 때 되도록 멀리 떨어져 보아야 한다고 경고한다. 그러나 대부분의 어린이들은 지시를 따르지 않고, 근거리에서 시청하기를 좋아한다. 부모가 어린이를 계속 지키고 있을 수도 없다.

어린이의 눈 조직인 안구라든가 주변 근육은 성장 단계에 있다. 눈으로 멀리 바라볼 때는 렌즈처럼 생긴 안구의 수정체(렌즈)가 길게 늘어나 두께가 얇아지고, 가까운 곳을 볼 때는 두터워진다. 이처럼 수정체의 두께를 변화시키는 것은 수정체에 붙은 근육의 작용이다.

스마트폰이나 TV 화면을 가까이에서 매일 장시간 보고 있으면, 눈의 안구와 그것을 움직이는 근육이 올바르게 발달하지 못하고, 두텁게 렌즈를 고정한 상태로 굳어져 근시가 된다고 생각된다. 이것을 증명하는 실험이 있었다. 미국 워싱턴대학의 프랜시스 영 박사는 새끼 원숭이를 좁은 상자에 넣고 키웠다. 먼 곳을 보지 못하고 상자 안에서만 성장한 원숭이는 심한 근시가 되어 있었다.

하버드 대학 시각연구소의 토르스튼 위젤(1981년 노벨상 수상) 박사는 새끼 원숭이의 한쪽 눈꺼풀을 수술로 덮은 상태로 키웠다. 다 자란 뒤 원숭이의 눈을 검사한 결과 눈꺼풀을 덮어둔 눈만 근시였다.

어려서 근시가 되면 고칠 수 없으므로 일생 불편하게 지내야 한다. 성인이 되더라도 책을 읽거나, 컴퓨터 화면이나 TV 화면 또는 스마트폰 화면을 보고 있을 때는 수시로 먼 곳을 보면서 눈을 쉬도록 해야 눈을 건강하게 보호할 수 있다.

울면 왜 눈물이 나며, 눈물을 흘리면 왜 콧물까지 흐르나?

슬픈 일이 발생하거나, 매우 아프거나, 감격하거나, 너무 행복하거나, 속이 매우 상하거나, 크게 놀라거나 하면 눈물이 쏟아진다. 그런데 이상스럽게도 감정의 변화로 눈물을 흘리고 나면 울기 전보다 정신적으로 기분이 한결 나아진다. 이것은 울음의 신비이기도 하다. 눈 위 바깥쪽 눈썹 아래에는 눈물샘이 있다. 눈물샘의 크기는 아몬드 크기에 불과하다. 그러나 경우에 따라 엄청난 양의 눈물을 펑펑 쏟아내는 공장으로 변할 수 있다.

눈물샘은 울 때만 눈물을 만드는 것이 아니라 책을 읽고 있는 동안에도 조금씩 생산하여 흘려보내고 있다. 눈물샘에서 나온 눈물은 가느다란 눈물관(누관)을 따라 눈으로 나온다. 이 수액은 눈에 들어온 먼지를 씻어내고, 안구가 건조해지는 것을 방지해준다. 눈을 깜박이면 그때마다 눈물은 눈 전체에 퍼져, 마치 자동차 앞 유리의 와이퍼처럼 눈을 청소한다.

눈을 씻어내고 남은 눈물은 눈 안쪽 모퉁이에 있는 다른 통로를 따라 코로 흘러내린다. 코로 들어간 대부분의 눈물은 몸으로 흡수된다. 그러나 눈물을 심하게 흘리면 눈 밖으로 흘러넘치고도 남아, 눈물관을 따라 코로 들어가 콧물이 된다.

눈에 티가 들어가면 갑자기 많은 눈물이 나오는데, 이때 흐르는 눈물은 감정 변화로 생긴 것이 아니라 아픈 것이 신호가 되어 눈에 들어온 티를 씻어내는 역할을 한다. 눈물의 대부분은 수분이지만, 그 안에는 염분, 기름기, 탄산나트륨 등의 물질이 혼합되어 있다. 눈물이 약간 짠맛이 나는 것은 염분 때문이다.

감정이 크게 변하거나 아픔 등으로 눈물을 쏟게 되는 것은, 정신적인 변화가 뇌에 작용하여 스트레스 호르몬을 만들도록 하기 때문이다. 이때 생긴 호르몬은 눈물 속에도 조금 포함되어 있다. 그러므로 눈물을 한참 흘리고 나면 스트레스 호르몬이 줄어들어 감정도 얼마큼 가라앉아 안정을 찾는다. 슬픈 일이 있을 때 실컷 울고 나면 비 온 뒤처럼 마음이 다소 개운해진다고 할 수 있겠다.

92
잠자고 나면 눈가에 왜 눈곱이 생겨 있나?

잠을 자거나 깨어 있거나 간에 눈의 눈물샘에서는 조금씩 눈물이 흘러나와 안구를 청소하고 건조해지는 것을 막아준다. 눈에 큰 먼지가 들어가면 한꺼번에 많은 눈물이 쏟아져 씻어내는 작용을 한다. 만일 눈물샘에 이상이 생겨 눈물이 정상으로 나오지 못한다면 눈은 금방 붉게 충혈되고 눈병이 생길 것이다.

눈물에는 수분, 소금기, 점액질 등의 물질이 섞여 있다. 잠자는 동안에는 눈을 감고 있으므로 눈물이 빨리 마르지 않아, 남은 눈물이 눈가로 스며 나온다. 이렇게 밖으로 나온 눈물이 건조해지면, 녹아 있던 성분들이 점액질과 함께 굳어 눈곱이 된다.

평소보다 눈곱이 많이 생긴다면 눈병이 발생했을 가능성이 있다. 특히 노란색 눈곱이 생긴다면 결막염일 수 있으므로 안과를 찾아 치료를 받아야 한다. 눈병이 생겼을 때 눈을 비비면 안질을 더욱 악화시킨다.

속눈썹에 다래끼는 왜 생기나?

속눈썹이 자라 나오는 뿌리에 세균이 침범하여 조그마한 염증을 일으킨 것을 다래끼라 한다. 다래끼는 발생하고 1주일 정도 지나면 저절로 곪아 터져 고름이 나온 뒤 낫는다. 다래끼가 나면 가렵고 불편하며 남 보기에 좋지 않아 신경이 쓰인다.

다래끼는 피지선 분비가 왕성한 청소년기에 잘 생기며, 과로하여 면역력이 약해졌을 때 쉽게 난다. 눈이 가렵다고 손으로 비비면 다래끼가 생길 위험이 커진다. 다래끼는 처음 생기려 할 때 항생제 안연고를 발라 치료하면 쉽게 가라앉는다.

냄새를 잘 맡으려 할 때는 왜 숨을 깊이 들이키나?

꽃에서 향기로운 냄새가 풍기면 누구나 숨을 깊이 들이키며 냄새를 맡는다. 반면에 나쁜 냄새가 나면 곧 숨을 멈추고 코를 돌린다. 냄새는 공기 중에 섞인 냄새 물질의 분자가 코안 깊은 곳(비강)에 있는 후각 세포를 자극하여 느끼는 것이다. 후각 세포에는 후각 신경이 뇌와 연결되어 있다. 평소 숨을 쉴 때는 코로 들이마신 공기가 비강 깊은 곳까지 들어가지 않는다. 그러나 냄새를 잘 맡으려고 깊이 마시면 냄새 분자가 포함된 공기가 비강 깊숙이 들어가 냄새를 잘 느끼게 한다.

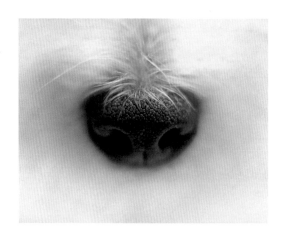

개의 코　많은 동물(포유동물에서 곤충에 이르기까지)은 사람보다 더 훌륭한 냄새 감각을 가지고 먹이를 찾거나 적을 피하는 데 이용하고 있다.

　사람은 약 10,000가지 냄새를 구분한다. 냄새를 잘 맡는 것은 위험을 발견하여 생명을 보호하는 데 매우 중요하다. 어린이는 어른보다, 여자는 남자보다 냄새 감각(후각)이 더 예민하다. 사람은 훈련하면 냄새를 더 잘 맡을 수 있게 되고, 또 냄새의 종류를 잘 구분할 수 있게 된다.

　사람은 어떤 냄새를 맡으면 그 냄새와 관련된 과거의 일을 곧 기억해 낸다. 즉 어떤 냄새가 나면 전에 먹었던 음식을 생각해 내기도 하고, 종이나 나무가 타는 냄새를 맡으면 화재를 바로 연상하기도 한다. 이것은 냄새 감각과 뇌의 기억 중추가 밀접하게 연관되어 있기 때문이다. 향기로운 냄새는 기분을 좋게 한다. 그러나 상한 음식이나 유독한 물질, 음식이 탈 때 나오는 나쁜 냄새는 위험하다는 것을 알려준다.

95
감기가 심하면 왜 음식 맛을 잘 느끼지 못하나?

감기가 들면 코안이 부어오르고 점액(콧물)이 많이 흘러나온다. 그러면 점액이 비강의 표면을 뒤덮고 있어 냄새 분자가 후각 세포에 도달하지 못하므로 냄새를 잘 맡을 수 없게 된다. 음식 냄새를 맡지 못한다면 맛을 충분히 느끼기 어렵다.

96
감기가 들면 왜 콧물이 많이 흐르나?

눈에서는 눈물, 입에서는 침, 코에서는 콧물이 나온다. 콧물은 대부분 코에서 생겨나지만, 눈에서 나온 눈물이 코안으로 흘러내려 흐르는 경우도 있다. 눈물을 흘리거나, 감기에 걸렸거나, 날씨가 매우 춥거나 꽃가루 알레르기가 발생하면 콧물이 유난히 많이 흐른다.

코의 점막에서는 늘 적당한 양의 콧물이 흘러 내부가 마르는 것을 막아준다. 어느 날 코안이 마른 느낌을 받는다면 감기에 걸렸거나 이상이 생긴 것이다. 눈의 안쪽 구석과 코 사이에는 관(누관)이 있다. 눈물이 나면 넘치는 눈물이 관을 따라 코안으로 흘러들어 콧물이 된다.

감기에 걸리면 바이러스를 퇴치하기 위해 눈과 코에서 점액이 다량 분비되어 콧물이 많아진다. 아주 추운 날 찬 공기가 코로 들어가면, 민감한 콧속이 자극을 받아 보호 역할을 하는 점액을 대량 분비하여 콧물이 된다.

코안에 꽃가루 등의 이물질이 들어가면 알레르기 반응이 일어나 재채기를 하며 콧물을 흘린다. 일부 사람들은 더운 음식이나 매운 음식을 먹을 때, 아직 밝혀지지 않은 여러 가지 원인으로 콧물을 많이 흘리기도 한다. 이유 없이 콧물이 계속하여 많이 흐르거나, 콧물이 노란색이거나 하면 이비인후과 의사의 진단을 받아야 한다.

더운 음식이나 매운 음식을 먹을 때 콧물이 심하게 흐르는 사람은 의사의 진단과 처방에 따라 콧물 분비를 일정 시간 동안 감소시키는 스프레이를 처방받을 수 있다.

97
어떤 경우에 저절로 코피를 흘리게 되나?

코안의 피부 점막 밑에는 모세혈관이 수없이 뻗어 있다. 이 혈관이 충격이나 어떤 이유로 상처를 입으면 코피가 흐르게 된다. 감기에 걸려 코안에 염증이 생기거나, 긴장해 있거나, 아스피린 같은 약(혈액 응고를 방지하는 성질의 약)을 먹고 있을 때, 실내가 건조하여 코안이 마를 때 저절로 코피가 나기도 하는데, 이유를 모르는 경우도 많다.

코피를 조금 흘리는 것은 일반적으로 건강에 해가 없다. 코피가 나면 머리를 바로 세운 자세로 앉아서, 엄지와 검지로 코 양쪽을 단단히 쥐고 막는다. 이때 머리를 뒤로 젖히면 피가 목구멍 안으로 넘어가므로, 머리를 뒤로 하는 것은 좋지 않다. 코피는 코가 심장보다 높은 위치에 있어야 빨리 멎는다. 코 주변에 얼음찜질을 하는 것도 효과가 있다.

5분이 지나도 멎지 않으면 다시 누른다. 20분 이상 출혈이 계속된다면 의사를 찾아가야 한다. 코피를 흘린 뒤에는 코를 후비지 말고 몇 시간은 조심한다. 이유 없이 자주 코피를 흘린다면, 의사는 평소 잘 터지는 혈관을 간단히 수술하여 주기도 한다.

98
콧물과 코딱지는 왜 생길까?

공기 중에는 보이지 않아도 많은 먼지와 세균이 날고 있다. 호흡하는 동안 코로 들어간 먼지와 세균은 코안의 점액에 붙어 끈끈한 콧물이 된다. 코의 습기가 마르면 그것은 단단한 코딱지가 된다. 그러므로 코딱지는 먼지와 세균의 덩어리라고 생각할 수 있다.

코를 함부로 후비면 코점막을 상하게 하여 세균에 감염될 위험이 많아지며, 코 내부의 모세혈관을 터뜨려 코피를 흘리게 할 수도 있다. 특히 손가락으로 코를 후비는 것은 삼가야 할 나쁜 습관이다. 코는 깨끗한 휴지나 물로 씻는다. 코에는 공기 중의 세균이 많이 부착되어 있으므로, 코를 푼 뒤에는 자신과 남의 건강을 위해 손을 씻는 습관을 갖도록 한다.

99

잠자면서 왜 코를 골까?

잠이 들면 폐로 공기가 들어가는 입구(인후부) 부분의 근육이 늘어져 통로가 좁아진다. 사람에 따라 좁아진 정도가 심하면 주변의 부드러운 조직이 문풍지처럼 떨려 코를 고는 소리가 난다. 이 외에 코에 비염이나 비후증과 같은 증세가 있어도 코를 잘 골게 된다. 이때는 콧속이 붓거나 막히거나 하여 입으로 숨을 쉬고 있는 것이다.

코골이는 여자보다 남자가, 어린이보다 성인이 더 많으며, 성인 남자의 절반 이상이 코를 고는 것으로 알려져 있다. 코골이 중에는 가볍게 고는 사람이 있는가 하면 아주 심한 사람도 있다. 남자가 더 심하게 코를 고는 것은 인후부가 더 크고, 부드러운 조직이 많기 때문이다. 심하게 코를 골 때는 그 소리에 자신이 잠에서 깨어나기도 한다. 어린이가 코를 많이 곤다면 병원에서 원인을 찾아 치료해야 한다.

100

커다란 소라 껍데기를 귀에 대면 왜 '쏴~' 하는 바닷소리가 들리나?

동굴 속이나 텅 빈 건물 안에서 '야!'하고 소리를 내면, 곧 반향(메아리)이 들리거나 윙윙거리는 소리가 들려온다. 이것은 거울에 빛이 반사되듯이 소리가 벽에 여러 번 부딪혀 귀로 되돌아온 것이다. 골짜기가 깊은 높은 산을 오르면서 '야호!' 소리를 내면 메아리가 몇 차례 연달아 들리기도 한다. 이때의 메아리는 뒤로 갈수록 작은 소리로 들린다.

산 메아리는 이쪽 골짜기와 저쪽 골짜기 사이를 오가며 반사된 것이다. 그러므로 산골짜기에서 생기는 반향은 산 위치에 따라 다르게 들린다. 유럽의 어떤 산악 지대 산에서는 메아리가 연이어 100여 번이나 들린다고 한다.

바다에서 커다란 소라 껍데기를 주워 귓가에 대보면, '싸~, 와~' 하는 소리가 마치 바다의 바람과 파도 소리인 듯 계속 들린다. 그래서 사람들은 기념품으로 소라를 집으로 가져가면서 바닷소리를 담아간다고 말하기도 한다. 그러나 소라에서 들리는 소리는 바다의 소리가 아니다.

소라 껍데기 내부는 나선형으로 휘어 있고 벽이 반질반질하다. 이런 것을 귀에 대고 있으면 주변의 이야기 소리, 차 소리, 바람 소리, 음악 소리 등 모든 소리가 소라 껍데기를 진동시키고, 그 소리는 내부에서 이리저리 반사되어 마치 바다의 소리인 듯 귀에 들리게 된다. 이럴 때 소라가 크면 클수록 외부 소리를 많이 받아 진동하므로 더 큰 소리가 들린다.

101
혀는 어떤 역할을 할까?

사람의 혀는 세 가지 일을 한다. 입안의 음식을 씹으면서 골고루 섞어 주고 삼키도록 하는 일, 맛을 보는 일, 그리고 말을 하도록 하는 일이다. 혀는 간단해 보이지만 내부를 이루고 있는 근육은 복잡하다. 혓바닥에는 맛을 느끼는 감각 세포가 약 9,000개 도돌도돌 솟아 있으며 이를 '미뢰' 또는

혓바닥 혓바닥에서 1은 쓴맛, 2는 신맛, 3은 짠맛, 4는 단맛을 강하게 느끼는 부분을 나타낸다. 혓바닥에 솟아 있는 미뢰 또는 맛봉오리라 하는 작은 돌기에는 미각 신경이 많이 분포해 있다. 미뢰는 솟아 있는 위치에 따라 몇 가지 형태가 있다.

'맛봉오리'라 한다.

온갖 음식의 다양한 맛은 혓바닥에 있는 미각 신경이 느낀다. 최근까지 혀는 4가지 맛 즉 단맛, 쓴맛, 짠맛, 쓴맛을 주로 느낀다고 알려져 있었다. 그러나 지금에 와서는 4가지 외에 감칠맛, 지방맛, 매운맛 3가지를 합해 7가지 맛을 감각한다고 설명되고 있다. 그러나 수천 가지 음식 맛이 다르게 느껴지는 이유는 맛감각과 냄새 감각이 함께 작용한 결과이다.

혀가 없으면 발음을 정상으로 할 수 없어 상대방이 알아듣도록 말하지 못한다. 사람을 제외한 다른 포유동물들은 혀를 사용하여 몸을 청소하는 중요한 역할을 한다. 동물의 혀는 자신의 몸만 아니라 새끼도 핥아서 청결하게 한다. 날씨가 더우면 개는 혀를 길게 내밀고 있다. 이것은 개에게는 사람과 달리 피부에 땀샘이 없어, 대신 혀를 내밀어 체온을 식히는 것이다. 뱀이 혀를 날름거리고 있는 것은 혀로 냄새를 맡는 것이다.

개 혓바닥 포유동물의 혀는 자신의 털을 청소하기도 하고, 새끼를 핥아 깨끗하게 보호한다. 침에는 세균을 죽이는 항생 물질도 포함되어 있다.

102
혓바늘은 왜 생기나?

혓바늘이 돋으면 아프기도 하지만 음식 맛을 제대로 느끼지 못하고, 뜨거운 음식이나 매운 음식을 먹기 어렵다. 혓바늘은 혀의 표면에 있는 미뢰(맛봉오리)에 염증이 생긴 것이다. 혓바늘이 발생하는 원인은 과로, 심한 스트레스, 영양 결핍 등이다. 특히 몸의 면역력이 약하면 혓바늘이 자주 생기고, 잘 낫지 않으며, 심할 때는 헐어서 곪기도 한다. 이런 경우를 '설염'이라 한다.

입안의 침은 어디에서 나오고 어떤 역할을 하나?

침(타액)은 침샘이라 부르는 분비샘에서 나오며, 인간을 포함한 모든 포유동물이 침을 분비한다. 침이 어떤 역할을 하는지 찾아보자.

1. 입안을 마르지 않게 하고 있다. 입이 마르면 말하기도 어렵다.

2. 음식을 씹으면 침에 포함된 아밀레이스라는 효소가 전분을 액체 상태의 당분으로 변화시켜 소화가 빨리 되도록 한다.

3. 침의 점성은 입안의 음식이 고루 섞이도록 한다.

4. 입안에 음식 찌꺼기가 남아 있지 않도록 청소한다.

5. 입안이 산성 또는 알칼리성이 되지 않도록 중화시켜 치아의 표면이 상하는 것을 방지한다.

6. 입안에 세균이 증식하지 못하게 한다. 침에 포함된 락토페린이라는 물질은 세균의 세포벽을 파괴함으로써 죽도록 한다. 또한 침 속의 히스타틴과 이뮤노글로불린이라는 물질도 세균을 죽이는 항생 작용을 한다.

7. 침은 음식물을 녹여 혓바닥의 미뢰가 맛을 느끼도록 한다. 설탕도 침에 녹지 않으면 단맛을 느끼지 못한다.

이런 신비스러운 침을 분비하는 샘은 입 주변 3곳에 각 1쌍씩 있으며, 수백 개의 작은 침샘도 흩어져 있다. 3개의 큰 침샘 중에 양쪽 귀 아래에 있는 것은 귀밑샘 또는 '이하선'이라 하며, 침이 나오는 출구는 어금니 위에 있다. 두 번째 혀밑샘은 혀 양쪽 아래에 있고, 출구 역시 혀 양쪽에 있다. 그리고 세 번째 턱밑샘은 혀 바로 밑에 있으며, 여러 개의 작은 출구로 침이 흘러나온다.

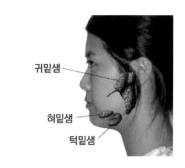

침샘 침샘이 있는 곳은 귀밑, 혀 아래, 턱밑이다.

침은 자신의 의지와 관계없이 입 안에 음식이 들어오거나, 맛있는 음식 냄새를 맡거나 하면 저절로 나온다. 이처럼 몸의 반응이 저절로(반사적으로) 일어나도록 조절하는 신경을 자율 신경계라 한다. 침의 분비가 자율적으로 일어나듯이 인체의 자율 신경계는 많은 것을 조절하고 있다. 밝은 곳에 나가면 동공(瞳孔)이 좁아지고 반대로 어두우면 커지는 것, 운동을 하면 심장 박동이 빨라지고 쉬면 느려지는 것, 음식이 위장에 들어오면 소화 효소가 분비되는 것, 더우면 땀이 나는 것 등은 전부 자율 신경계의 작용이다.

몸에 이상이 생기거나 스트레스가 심하면 침 분비가 줄어들어 입안이 바싹 마른다. 멈프스바이러스가 침입하면 침샘이 부어오르는 이하선염(볼거리)이 걸린다. 유행병의 하나인 이하선염에 걸리면 양쪽 턱 아래와 귀 양쪽이 불룩해지고 아픔을 느낀다. 농약이나 살충제 등의 독소에 심하게 중독되면, 침이 계속 흐르고 거품 상태로 나오기도 한다. 침샘은 아주 건강한 분비 기관이므로, 누구든 침이 자율적으로 잘 분비되지 않는다고 느껴지면 의사의 진단을 받아야 한다.

104
아기 때 나온 젖니는 왜 전부 갈게 될까?

아기가 태어나면 6개월쯤부터 이가 나기 시작하여 3세쯤까지 아래위 합하여 모두 20개가 나온다. 이때 자라 나온 이를 '젖니'라 부르며, 젖니는 그 후 하나씩 모두 빠지고 새로운 이로 대치된다. 젖니가 흔들리면서 빠지려 할 때는, 그 아래에서 새 이가 자라나면서 젖니의 뿌리를 파괴시킨다. 젖니의 뿌리가 잇몸에서 떨어지면 결국 그 이는 저절로 빠지게 된다.

젖니는 어린이의 입 크기에 맞도록 작다. 그러나 새로 나오는 이(간니)는 충치나 충격으로 도중에 빠질 경우 다시 나지 않는다. 그래서 간니는 '영구치'라 부르기도 한다. 영구치는 18세경이 되면 모두 자라 나와 아래위 16쌍 전부 32개가 된다. 이 이로 일생 살아가게 된다.

개인에 따라 10명 중의 1명 정도는 선천적으로 영구치가 일부 부족한 사람이 있다. 원인은 알지 못하며, 영구치가 부족해도 건강에 불편은 없다. 치아 모양(치열)이 나쁘거나 불편이 있으면 치과에서 교정받을 수 있다.

105
치아를 잘 보존하려면 어떻게 해야 할까?

입안은 어둡고 습기가 가득하며 따뜻하다. 이런 조건은 미생물이 증식하기에 아주 좋다. 치아를 평생 건강하게 보존하려면 어려서부터 치아 관리를 잘해야 한다. 음식을 먹은 뒤와 잠자기 전에 양치질하는 습관이 무엇보다 중요하다. 입안에 음식이 남은 상태로 잠이 들어 긴 시간 지내면, 입안의 음식은 세균에 의해 분해되어 잇몸과 치아를 상하게 한다.

음식물이 분해되면 산성 물질이 생겨나며, 산성 물질은 치아의 표면을 구성하는 단단한 하얀 사기질을 조금씩 녹여 구멍이 뚫리도록 한다. 세균은 그 구멍으로 더 깊이 들어가 내부까지 상하게 하고, 결국 신경에 침투하여 참기 어려운 치통을 일으킨다.

치아가 상하여 구멍이 생기면, 그 틈새에 음식물이 끼어들어 칫솔로도 빠져나오지 않게 된다. 이런 찌꺼기는 잘 변질되어 입 냄새까지 나게 한다. 또한 냄새가 진한 음식이 틈새에 들어가면 양치질 후에도 냄새가 남게 된다.

누구나 칫솔질만으로는 치아를 온전히 보호하기 어려우므로 6개월에 1회 정도 정기적으로 치과의사를 찾아 확인할 필요가 있다. 의사는 작은 거울을 입 안에 넣어 구석구석 살핀다. 치아가 상했다고 의심되는 부분은 엑스레이 촬영을 하여 정밀검사를 한다.

구멍이 생기는 곳을 미리 발견하면 의사는 침투가 더 진행되지 않도록 합성 물질이나 금속으로 덮어준다. 만일 너무 오래 방치하여 치아 뿌리와 신경까지 상했으면 뽑아야만 한다.

참고로, 치과의사가 없던 옛날에는 집게와 대나무 못, 망치 등을 사용하여 물리적인 힘으로 뽑아야 했다. 견디기 힘든 고통을 벗어나면 사람들은 "앓던 이 뽑은 듯하다."라는 말을 한다. 옛날 장터에는 치아를 전문으로 뽑아주는 발치사가 있었다고 한다.

사랑니란 어떤 이인가?

일반적으로 17~21세가 되면 32개의 치아를 모두 갖게 된다. 모든 치아 중에 사춘기가 지난 10대 후반에서 20대 초반, 사랑의 마음이 움틀 시기에 나오는 맨 안쪽의 치아를 '사랑니'라 한다. 영어에서는 이를 지혜의 이(wisdom tooth)라 하는데 비슷한 의미가 담겼다.

대부분의 경우, 아래위 제일 안쪽에 난 4개의 사랑니는 일찍 충치가 되거나 이상한 형태로 자라 불편을 주기 때문에 치과에서 미리 빼고 있다. 어떤 사람은 사랑니 1~2개가 아예 나지 않기도 한다. 이런 사람은 턱뼈에 치아가 자랄 장소가 없기도 하다.

사랑니가 이렇게 무시되는 것은, 없어도 음식을 씹는 데 불편이 없으려니와 오히려 입안을 불편하게 하거나, 옆에 붙은 치아가 충치가 되어도 보이지 않게 하는 등 나쁜 영향을 주기도 하기 때문이다.

별로 도움이 되지 않는 사랑니는 왜 나는 것일까? 원시시대 인간의 선조는 입이 쑥 나와 지금보다 턱이 길었다고 생각된다. 그럴 때는 턱에 32개의 치아가 모두 나야 했을 것이다. 그러나 인간이 진화함에 따라 턱이 짧아지면서 모든 치아가 제대로 자리를 잡기에 공간이 부족해졌기 때문이라는 이론도 있다. 또한 사춘기를 지나면서 신체와 함께 턱뼈도 커졌으므로 이때야 추가로 나오는 것이라는 설명도 있다.

치아가 가지런하지 않으면 치열 교정을 할 필요가 있나?

아래위 치아가 가지런하면 보기에도 좋고 음식을 잘 깨물고 씹을 수 있다. 완전하게 고른 치아를 가진 사람은 아무도 없을 것이다. 그러나 치아가 지나치게 고르지 못하다면, 턱과 치아가 자라는 어린이 시절에 치과에서 치열 교정을 받아 바르게 고치는 것이 좋다.

입과 치아의 모양도 부모로부터 유전적인 영향을 받는다. 어머니의 턱은 작고 아버지는 큰 턱을 가졌다면, 그 자손의 치아 구조에 여러 가지 문제가 생길 수 있다. 만일 자신의 턱 크기에 비해 치아가 작게 났다면, 치아 사이가 많이 벌어질 수 있다.

어릴 때 조금 불편하지만 치열 교정을 받으면, 충치를 예방하며 일생 건강하고 예쁜 치아를 가지고 살 것이다. 치열 교정에는 치아와 턱의 상태에 따라 몇 달 또는 1~2년 정도의 시간이 걸리기도 한다.

임플란트는 어떤 치료 방법인가?

청소년들이 치과에서 임플란트(implant; '심는다'는 의미) 치료를 받을 일은 거의 없을 것이다. 그러나 나이가 많아져 치아가 빠지거나 하면, 임플란트라는 치료 방법이 도움이 된다.

치아의 뿌리는 아래위 잇몸 뼛속에 묻혀 있다. 과거에는 치아가 빠지면

금이나 백금 등으로 만든 보철물을 주변 치아에 걸어서 고정하거나, 심한 경우 틀니를 했다. 이렇게 치료한 치아는 잇몸뼈와 분리되어 있어 자연 치아만큼 편안하지 않고 불편함이 지속될 수 있다.

2000년대에 들어와 보급되기 시작한 임플란트 치료법은, 치아가 빠진 부분의 잇몸뼈(치조골)에 마치 나사못을 박듯이 인공 치근을 심은 후, 그 위에 인공 치아를 고정하는 것이다. 임플란트 치료법은 '치과 혁명'이라고도 말했다. 임플란트 치료법으로 고친 치아는 마치 자기의 본 치아(자연 치아)처럼 단단하고 사용도 편하다.

인공 치근의 재료는 인체와 거부 반응이 거의 없는 티타늄이라는 금속을 사용한다. 임플란트 치료를 받은 치아는 충치가 될 염려도 없으며, 수명도 아주 길다.

음식이 반드시 식도로 내려가는 이유는 무엇인가?

목구멍 안에는 음식이 통하는 식도와 공기가 드나드는 기도가 있다. 만일 기도로 조금이라도 물이나 음식이 들어가면, 숨이 막히고 금방 기침을 연달아 하며 밖으로 나가게 한다. 이때 우리는 '사레'가 들었다고 말한다. 음식이나 음료를 급하게 먹을 때 이런 일이 가끔 발생한다(질문11 참고).

혀 뒤에는 '후두덮개' 또는 '후두개'라는 납작한 연골로 된 조직이 있다. 후두개는 숨을 쉬고 있을 때는 뒤로 젖혀져 음식이 들어가는 식도를 막고 있다. 그러나 음식을 삼킬 때는, 순간적으로 후두(폐로 공기가 들어가는 기관의 입구)를 막아 음식이 기도로 들어가지 않도록 해준다. 음식이 일단 식도로 넘어가면 후두개는 기도를 열며 다시 제자리로 돌아간다.

만일 후두개가 이런 일을 하지 않는다면 기도 속으로 음식이 넘어가 생명이 위험해진다. 감기에 걸리거나 유독가스를 마셔 후두에 염증이 생기면 목이 아프고 따끔거리며, 목이 쉬기

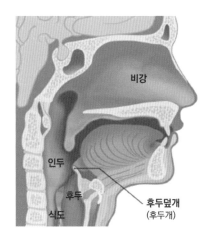

후두덮개 공기가 들어가는 기관과 음식물이 넘어가는 식도 입구에는 후두덮개가 있기 때문에 음식이 기관으로 들어가지 않는다.

도 하고, 음식을 삼키기 어렵다. 장기간 담배를 많이 피운 사람은 후두개와 후두 근처에 염증이 생기고 암이 발생하기 쉽다.

110
성대에서는 어떻게 소리가 만들어지나?

목구멍 바로 뒤에는 폐로 공기가 들어가는 기관(氣管)이 있으며, 이 기관의 입구 좁다란 부분을 후두라고 한다. 후두 부분에 손가락을 대고 말을 해보면 떨림이 있는 것을 느낀다. 성인 남자는 후두가 목 중앙에 불룩 나와 있으므로 금방 알 수 있다.

소리(음파)는 물체가 진동할 때 발생한다. 후두에는 '성대'라 부르는 조

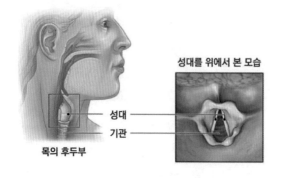

성대를 위에서 본 모습

목의 후두부

성대 ──
기관 ──

성대 왼쪽 사진에서처럼 후두부 양쪽에 성대가 있다. 이 성대 사이로 공기가 나오면서 성대를 떨게 하므로 소리가 된다. 입의 구조와 혀, 치아, 뺨, 입술 등이 움직여 온갖 발음과 소리를 만든다.

직이 좌우에 있다. 말을 하면 폐에서 나오는 공기가 성대 주변의 근육을 진동시켜 소리가 되도록 한다. 성대의 좌우 근육이 사이를 좁게 하면 높은 소리(고음)가 나고, 사이를 넓히면 낮은 소리(저음)가 난다. 이처럼 성대의 근육이 성대의 상태를 변화시킴에 따라 크고 작은 소리를 낼 수 있다. 이때 혀, 치아, 입술, 뺨의 움직임에 따라 모든 발음이 다르게 나온다.

가족이나 친구의 목소리를 들으면 곧 그가 누구인지 안다. 이것은 사람마다 특색 있는 음성을 가지고 있기 때문이다. 실제로 각 사람은 지문이 서로 다르듯이 음성도 다르다. 그러나 범죄 수사에서 손의 지문만큼 음성 지문을 활용하지 못하는 것은, 음성은 상황에 따라 다소 변할 수 있기 때문이다.

사춘기를 지나면 어린이 목소리가
왜 어른 목소리로 바뀌게 되나?

목소리를 좌우하는 것은 목구멍 윗부분에 있는 근육으로 이루어진 '성대'라는 기관이다. 말을 할 때 폐에서 나오는 공기의 힘에 의해 진동을 하는 성대는 어릴 때는 짧고 얇기 때문에 고음의 어린이 목소리가 난다. 그러나 사춘기를 지나 성인으로 자라면 성대는 길어지고 두터워진다. 특히 남자는 사춘기 때 성대의 길이가 거의 두 배로 단기간에 변하므로, 갑작스럽게 어른 목소리를 내게 된다. 이런 시기를 변성기라 말한다.

남자는 여자보다 성대가 훨씬 크기 때문에 목 앞으로 불룩 나와 있다. 서양에서는 이 부분을 '아담의 사과'라 부른다. 남자의 성대는 길이가 평균 18mm이고, 여자는 10mm이다. 그러므로 남자의 목소리는 여자보다 훨

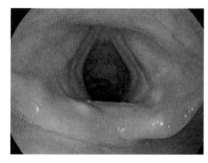 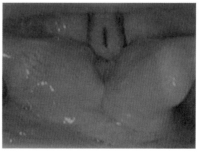

열린 성대 성대가 활짝 열려 있으면 진동하지 않아 소리가 나지 않는다.

닫힌 성대 목소리를 낼 때는 좁아진 성대가 진동하여 소리를 만든다. 성대가 작고 좁으면 높은 소리가 나고, 성대가 크면 굵은 소리가 나온다.

씬 굵은 저음이 된다. 남자든 여자든 키가 큰 사람은 일반적으로 성대의 길이도 좀 더 길어, 키가 작은 사람보다 굵은 음성을 가진다.

112
목이 쉬면 말이 잘 나오지 않는 이유는?

성대와 주변의 조직에 염증이 생겨 아픈 것을 후두염이라 한다. 후두염이 되면 목이 아프고, 쉰 목소리가 나며, 음식을 삼킬 때 아프기도 하다. 이런 후두염은 감기가 심하게 들었을 때, 담배를 많이 피웠을 때, 노래를 하거나 응원하느라 소리를 너무 질렀을 때 발생한다. 후두염은 며칠 쉬면 저절로 낫고 목소리도 본래대로 돌아온다.

113
말을 더듬는 이유는 무엇인가?

말을 더듬는 사람은 대개 첫마디를 발음하기 힘들어하며, 같은 소리를 연달아 내면서 자연스럽게 말하지를 못한다. 이런 말더듬은 초등학교에 입학하기 전 어린이 때 주로 발생한다.

말을 할 때는 폐, 성대, 목, 혀, 뺨, 입술과 같은 여러 발성 기관이 복잡하게 협동한다. 어릴 때는 이런 발성 기관이 아직 잘 성숙하지 않았기 때문에 많은 어린이들이 말을 더듬는다. 때로는 말을 잘하던 어린이도 다른 친구가 더듬는 것을 흉내 내다가 말더듬이가 되기도 한다. 그러므로 말더듬은 흉내 내지 않아야 한다.

대부분의 어린이는 성장하면서 말더듬이 사라진다. 그러나 일부 청소년(또는 성인)은 잘 고치지 못한다. 말더듬의 원인은 아직 확실하지 않다. 긴장하거나, 다른 사람을 두려워하는 성격이거나, 심한 열등감 등의 정신적인 문제도 큰 영향을 준다고 생각되고 있다. 초등학교에 입학할 나이가 되어도 말더듬이 계속되면, 말더듬을 전문으로 치료하는 언어치료사를 찾아 고치도록 해야 한다.

말더듬은 여자보다 남자 어린이에게 많이 나타난다. 천천히 조용히 말하며, 숨을 깊이 마시고 말하는 훈련을 계속하면 말더듬을 고치는 데 도움이 된다.

114
편도선은 왜 붓고 아프게 되나?

인체에는 림프선(임파선)이라 부르는 조직이 몸 여기저기 있다. 림프선은 몸 안에 침투한 세균이나 이물질을 방어하는 작용을 한다. 이곳에서는 림프구(임파구) 또는 림프 세포라 부르는 백혈구의 일종이 생산된다. 림프구는 침입한 세균이 혈관 속으로 들어가지 못하도록 퇴치하는 작용을 한다.

편도선이란 혀의 뒤쪽 양편에 있는 커다란 혹 같은 조직으로 림프선의 하나이다. 편도선은 갓난아기일 때는 아주 작지만 7세 정도가 되면 커다

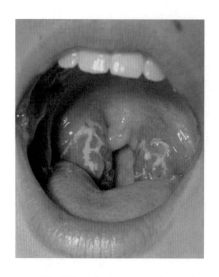

편도선염 침을 삼킬 때 목구멍이 아프고 열이
나면 편도선염이 된 것이다. 사진은 편도선염이
심하여 곪아버린 모습이다.

랗게 발달한다. 숨을 쉴 때 코나 입으로 병균이 들어오면, 편도선, 입과 목 근처에 있는 여러 림프선에서 침투한 세균을 대부분 퇴치된다.

만일 일부 병균이 편도선까지 침투하여 증식하게 되면, 편도선이 아픈 편도선염이 된다. 편도선이 부었을 때는 대부분 목구멍이 아프고 열이 나며 침을 삼키기 어렵다.

편도선염은 며칠 사이에 저절로 치유된다. 사람들 중에는 끊임없이 편도선염에 걸려 고생하는 경우가 간혹 있다. 이럴 때 의사는 아예 편도선염에 걸리지 않도록 수술로 편도선을 제거하는 방법을 추천하기도 한다.

5장

얼굴과 피부의
여러 현상

인체 곳곳에는 왜 털이 자라나?

대부분의 포유동물은 피부 전체가 많은 털로 덮여 있다. 털이 빽빽이 자란 동물의 피부를 '모피'라 한다. 모피는 추위를 막아주고 피부 보호 작용도 한다. 그러나 고래, 코끼리, 바다사자, 코뿔소 등의 포유동물은 피부에 드문드문 털이 있고, 사람은 털이 적은 편에 속한다.

사람에게는 턱수염, 눈썹, 속눈썹, 코털, 귀털, 겨드랑이털, 가슴털, 음모 등이 자라고 있다. 털은 머리카락이나 수염처럼 길게 자라는 것, 눈썹처럼 짧고 빳빳하게 자라는 것, 굵은 것, 가느다란 것 등, 자라는 부위에 따라 차이가 있다. 털이 자라는 속도 역시 털이 난 위치에 따라 다르다.

머리카락은 하루에 0.3~0.4mm 자란다. 털의 색은 털에 포함된 멜라닌 색소의 양에 따라 달라진다. 멜라닌 색소가 많으면 흑발이 되고, 함량이 줄면 점차 갈색에서 금발이 되고, 색소가 거의 없으면 은발(백발)이 된다.

모든 털은 피부 아래에 묻혀 있는 구멍(모공)에서 자라난다. 털이 자라 나오는 모공은 긴 주머니처럼 생겼기 때문에 '모낭'이라 부른다. 낭은 주머니라는 뜻이다. 털은 이 모낭의 바닥에 있는 모낭 세포에서 자라 나오는데, 이 부분을 '모근'이라 한다.

털의 주성분은 케라틴이라는 딱딱한 성질을 가진 단백질이다. 인간의 손톱과 발톱, 짐승들의 발굽과 뿔은 모두 케라틴이다. 케라틴은 뜨거운 물에 녹지 않으며, 단백질 분해 효소에도 분해되지 않는다. 모낭에서 자라 나오는 털의 단면을 잘라보았을 때 원형인 것은 곧은 머리카락이고, 타원형인 것은 곱슬곱슬한 머리카락이다.

머리에는 약 8만~12만 개의 머리털이 있다. 몸 전체의 털 수는 약 500만 개인데, 털은 얼마큼 자란 뒤 빠지고 다시 자라고 하는 털갈이를 계속

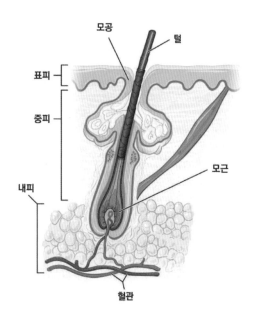

모낭 털이 자라는 모낭의 구조이다. 털은 모공이라는 작은 구멍에서 자라 나온다.

한다. 아기가 가지고 있던 솜털은 성장하면서 없어진다. 머리카락은 매일 70~80개가 빠지고 새로 자라난다. 그러나 나이가 들면 많은 털이 빠지면서 다시 자라나지 않게 된다.

한국인은 대부분 검고 곧게 펴진 머리카락(직모)을 가지고 있다. 반면에 서양인과 흑인은 곱슬머리이다. 흑인의 머리카락은 더욱 곱슬곱슬하다. 머리카락의 색과 곱슬거림은 유전적이며, 검은색과 곱슬머리는 우성으로 유전되고 있다.

눈썹은 왜 머리카락처럼 길게 자라지 않을까?

몸에서 자라 나오는 털은 그 위치에 따라 자라는 속도에도 차이가 있지만 수명도 다르다. 머리카락은 새로 나와 빠지기까지 2~5년의 수명을 갖지만, 눈썹 털은 겨우 3~5개월이다.

아래위 눈꺼풀 가장자리에 나는 눈썹의 수는 200여 개이다. 눈썹은 먼지나 입자가 눈으로 날아드는 것을 방지한다. 그뿐만 아니라 눈썹은 인체에서

낙타 눈썹 모래 먼지가 날리는 사막지대에 사는 낙타는 유난히 길고 많은 속눈썹을 가지고 있다. 그들의 긴 속눈썹은 모래바람에 날려오는 모래를 가려준다.

촉감이 가장 예민하여 작은 곤충이나 먼지가 닿으면 즉시 감아서 눈을 보호한다. 또한 눈썹은 눈의 수분이 빨리 건조하는 것을 지연시켜주며, 지나치게 빛이 밝을 때는 가늘게 뜬 눈 앞을 가려 눈부심을 방지해준다.

　머리카락을 자르지 않는다면 허리 아래까지 길어진다. 그러나 드물게 허리보다 더 길게 머리를 기른 사람이 있는데, 세계 기록으로 인도의 한 여인은 5m나 되도록 길렀다.

얼굴의 주근깨는 왜 생기나?

　얼굴 여기저기 드러난 검은 갈색의 작은 점을 주근깨라 한다. 이것은 머리카락이나 눈동자의 색을 만드는 멜라닌 색소가 많이 모인 작은 반점이다. 주근깨는 동양인보다 서양인의 얼굴과 손등, 등, 어깨 등의 피부에 더 많이 생긴다. 햇볕을 많이 쬐고 나면 주근깨가 더 검게 보이는데, 이것은 자외선의 영향으로 피부에 더 많은 멜라닌 색소가 생겨난 결과이다.

　주근깨는 얼굴의 뺨에 다수가 생겨나기도 한다. 오늘날 피부과 의사들은 레이저나 약물을 이용하여 제거 치료를 하고 있다. 만일 피부 어디든지 없던 검은 점이 갑자기 생겨나 커지고 있다면 피부과 의사의 치료를 받을 필요가 있다.

여드름은 왜 생기나?

인체 피부는 눈에 잘 보이지도 않는 작은 털이 뒤덮고 있다. 인체의 털은 모두 모낭이라 부르는 작은 피부 조직 아래에 있는 구멍으로부터 자라나온다. 이 모낭에는 '피지선'이라는 기름샘이 있다. 피지선에서 나오는 기름 성분은 피부가 건조해지지 않고 부드러우면서 탄력을 갖도록 한다.

피지선에서 너무 많은 기름이 생산되면, 모낭은 기름으로 넘치게 되고, 여기에 세균까지 감염되면 모낭의 구멍이 막혀버린다. 그러면 몸은 감염된 모낭을 보호하기 위해 세균과 싸우게 된다. 그 결과 모낭은 붉게 부풀어 여드름이 된다.

여드름을 손으로 자꾸 짜면 세균이 주변에까지 퍼져 염증을 더 악화시키기도 한다. 악화된 여드름은 낫기까지 몇 주일이 걸리기도 하며, 나은 후에 상처가 남기도 한다.

여드름은 사춘기가 되면서 생기기 시작한다. 이 시기에 여드름이 나는 것은 매우 정상적인 현상이며, 남의 시선을 의식할 필요가 없다. 여드름은 어른으로 성장해 가는 시기에 분비량이 증가한 호르몬이 피지선에서 기름이 많이 생산되도록 했기 때문이다. 여드름이 심하면, 아침과 저녁에 부드러운 비누로 세수를 하여 피부를 깨끗이 해야 한다. 만일 여드름이 악화된다면 피부과 의사를 찾아 치료를 받도록 한다.

피부의 사마귀는 왜 생기나?

사마귀는 피부 세포에 '파필로마 바이러스'가 침범하여 생기게 된다. 사마귀 바이러스가 감염된 부분의 세포는 세포 분열을 정상보다 빨리하여 작은 혹을 만든다. 사마귀는 보기 싫기는 하지만 인체에 해롭지는 않다. 그리고 대개 몇 달 지나면 저절로 사라지고 매끈한 피부로 되돌아온다.

사마귀 바이러스는 피부가 서로 접촉하여 전염되지만, 대부분의 사람은 이 바이러스에 저항력을 가지고 있어 좀처럼 감염되지 않는다. 약국에서는 사마귀 세포를 파괴하는 화학 약품을 팔고 있으며, 피부과에서는 레이저로 태우거나 수술로 사마귀를 간단히 제거해 준다.

발바닥 같은 곳에 티눈은 왜 생길까?

손바닥이나 발바닥의 마찰이 많은 부분에는 피부가 두꺼워진 굳은살이 생긴다. 이런 굳은살은 피부를 보호하려는 자연스러운 피부의 반응이다. 그러므로 마찰이 없어지면 굳은살도 자연히 사라진다.

발바닥이나 발가락에 작으면서 딱딱한 티눈이 생기는 경우가 있다. 티눈의 발생 원인은 신발이 발에 맞지 않거나, 그 부위에 마찰이 잦거나 할 때 생겨난다. 티눈은 약국에서 파는 티눈 액이나 티눈 패드를 몇 차례 바르면 없어진다. 티눈 제거 약품은 각질 세포를 녹이는 '살리실산'이라는 화학

물질이다. 그러므로 이 약품을 사용할 때는 다른 부분에 닿지 않도록 조심
해야 한다.

비듬은 무엇이며 왜 생기나?

인체의 피부 세포는 끊임없이 새로운 세포로 바꿔치기 되고 있다. 과학
자의 계산에 따르면 1분 동안에 약 1천만 개의 세포가 새로 복제되고, 그
만큼 죽고 있다고 한다. 피부에서 떨어지는 먼지 같은 것은 모두 피부 세포
가 죽어 떨어져 나오고 있는 것이다. 그러나 뇌의 세포는 한 번 죽으면 재
생되지 않는다.

누구든지 머리를 오래 감지 않으면 두피에서 분비된 기름 성분과 죽은
표피 세포가 결합하여 비늘처럼
흰 가루가 되어 떨어지는 비듬
이 된다. 그러므로 머리를 자주
감으면 비듬을 볼 수 없다.

그러나 아무리 자주 씻어도
비듬이 생기고 두피가 가려운
것은 일종의 피부병이다. 이런
비듬은 처음에는 좁은 부분에서
일어나다가 차츰 범위가 넓어진
다. 대부분의 비듬은 두피 세포

개 목욕 애완견도 자주 씻어주면 피부병을 예
방하고 냄새도 적게 난다.

에 '피티로스포룸'이라는 곰팡이가 증식하여 생기는데, 약국에서 파는 비듬 치료제를 사용하여 지시에 따라 몇 차례 머리를 감으면 곰팡이가 제거된다. 두피에 생기는 피부병이 여러 가지 있으므로 잘 낫지 않으면 전문의사의 치료를 받아야 한다.

122
입술의 피부가 벗겨지거나 부르트는 이유는?

입술은 다른 피부 부분과 달리 피지선(지방질이 분비되는 샘)이 없다. 또한 입술은 피부 조직이 아주 얇아 내부의 모세혈관이 비쳐 항상 붉게 보인다. 입술은 피부가 얇은 만큼 연약하기도 하고 신경도 예민하다.

입술 피부가 벗겨지는 때는 대개 공기가 건조한 겨울이며, 그중에서도 몸이 피곤할 때 잘 벗겨진다. 입술에 물집이 생기면서 부르트는 현상은 과로했거나, 스트레스를 받았거나, 몸이 아파 면역력이 약해졌을 때 잘 발생한다. 입술이 부르터 진물이 난다면 거기에는 '헤르페스'라는 바이러스가 감염된 경우가 많다. 헤르페스 바이러스는 감염이 잘 된다. 그러므로 수건 등을 공동으로 사용하지 않는 것이 예방에 도움이 된다.

겨드랑이나 발바닥을 간질이면 왜 깔깔 웃음이 날까?

피부에는 여러 가지 감각을 느끼는 신경이 있다. 벌레가 지나가거나 깃털을 문지르면 가벼운 간지럼을 느낀다. 반면에 겨드랑이 갈비뼈 부분이나 발바닥은 간지를 때 더 간지럼을 탄다. 이 부분이 유난히 간지럼을 잘타는 이유는 과학자들도 찾아내지 못하고 있다.

누군가가 간지럼을 태우면, 촉각이 지나치게 자극을 받아 몸이 놀라면서 근육이 긴장하게 된다. 간지럼은 유쾌한 기분이 아니므로 몸은 간지럼 자극을 급히 피하려고 한다. 그럴 때 간지럼이 계속된다면 "그만해! 그만해!"하고 소리를 지른다.

간지럼을 태우면 좋은 기분이 아니면서도 웃음이 나오는 것은, 움츠러든 근육의 긴장을 피하려는 하나의 방법이라고 설명하고 있다. 몹시 화가 난 사람이 긴장된 감정을 벗어나는 방법으로 "허! 허! 이것 참!"하고 웃는 경우와 비슷한 반응이라고 생각하자.

한편, 간지럼을 심하게 타는 사람도 자신의 손으로 간질이면 아무렇지 않다. 과학자들은 간지럼은 벌레 등의 가벼운 접촉에 대한 일종의 보호 반응이라는 설명도 하고 있다.

추우면 왜 피부에 소름이 돋고 몸이 떨리나?
공포에 휩싸일 때 생기는 소름이나 떨림과는 무엇이 다른가?

몹시 추우면 피부의 근육이 수축하면서 소름이 도톨도톨 돋아난다. 자세히 보면 소름이 생긴 곳은 모두 털이 자라 나온 부분(모공)이다. 추운 날 아침, 참새를 보면 깃털을 잔뜩 부풀린 모습으로 앉아 있다. 이처럼 피부 근육을 긴장시켜 깃털을 세우면, 털 사이에 공간이 많아져 체온을 잘 보호하게 된다. 공기는 열을 잘 전하지 않는 성질이 있기 때문이다.

사람이 추울 때 소름이 돋는 것도 새들이 깃털을 곤두세워 보온하려는 것과 같은 이유이다. 수백만 년 전의 인간은 동물처럼 털이 많았다. 그때의 모습이 지금까지 남아있는 것이라고 과학자들은 생각한다.

몹시 두려운 상황을 만났을 때도 추울 때처럼 소름이 솟고, 공포에 몸이 떨리는 경우가 있다. 심한 공포감을 느끼면 인체는 아드레날린이라는 호르몬을 분비하여, 위기에 대응하도록 한다. 아드레날린은 심장이 빨리 뛰고 호흡이 가빠지게 하며, 근육을 긴장시킨다. 이때 피부의 수축으로 소름이 돋아나게 된다.

두려운 상황에 놓이거나, 어려운 시험을 앞두고 긴장하거나, 몹시 화가 나거나 할 때 저절로 몸이 부르르 떨리는 경우가 있다. 이때도 아드레날린이라는 호르몬이 평소보다 많이 분비된 결과이다.

많은 동물들은 적을 만나거나 하면 피부를 긴장시켜 털을 빳빳이 세우는 방법으로 자신의 모습이 크고 강하게 보이도록 한다. 사람도 원시시대에 맹수를 만나면 이와 비슷했으리라고 생각된다.

냉기가 심해지면 피부에 소름이 돋는 한편 덜덜 떨리기 시작한다. 추위가 심할수록 떨림의 정도도 강해진다. 몸이 떨리는 것은 근육이 아주 빠르게 연달아 움직이며 수축을 반복하고 있는 상태이다. 근육이 이처럼 급히 움직이면 에너지를 많이 사용하므로 열이 난다. 운동을 심하게 하면 열이 올라 땀을 흘리게 되는 것과 같은 작용이다.

125

겨울에는 왜 소변을 자주 보고, 소변 후 몸이 부르르 떨리는 이유는 무엇일까?

일반적으로 어른은 평균 하루에 1~1.5리터의 소변을 배출하며, 한 번에 누는 소변량은 0.25~0.5리터이다. 누구든 여름철에는 더위로 땀을 많이 흘리기 때문에 소변의 양이 적다. 그러나 겨울에는 땀을 적게 흘리는 대신 소변을 자주 많이 보게 된다.

소변은 몸 안에 저장되어 있는 동안 체온과 동일한 온도로 데워져 있다. 따뜻한 소변이 한꺼번에 빠져나가면 몸은 상당량의 체온을 잃어버리므로 한기를 느낀다. 따뜻한 계절과 달리 겨울에는 빠져나간 열량을 빨리 보충하는 방법으로 부르르 떨게 된다.

더우면 왜 땀이 흘러나올까?

인체의 따뜻한 체온은 영양분이 화학적으로 분해되어 에너지로 사용될 때 생겨난다. 운동을 심하게 하면 영양분이 대량 소비(분해)되면서 많은 열이 나게 된다. 그런데 인체는 체온이 섭씨 약 37℃보다 낮거나 높아지면 이상이 발생한다. 인체는 이럴 때 자동으로 체온을 조절하도록 만들어져 있다.

날씨가 덥거나, 운동으로 체온이 오를 때 몸은 두 가지 방법으로 체온을 내린다. 첫 번째 방법은 피부 쪽으로 많은 혈액이 흐르도록 하여, 혈액의 온도가 피부를 통해 밖으로 방출되어 체온이 내려가도록 하는 것이다. 다른 한 가지 방법은 땀을 흘리는 것이다. 피부에는 수백만 개의 땀샘이 있다. 땀샘의 끝(땀샘 구멍)은 피부 밖으로 열려 있다.

체온이 오르면 땀샘은 모세혈관으로부터 수분을 많이 뽑아내어 땀으로 흘러 나가게 한다. 땀구멍을 통해 피부 표면으로 솟아 나온 땀은 증발하면서 주변의 열을 뺏어가기 때문에 체온이 내려간다. 땀을 흘리며 높은 산마루에 올랐을 때, 바람이 불어주면 체온이 빨리 내려가기 때문에 시원함을 느낀다.

반면에 공기 중에 습기가 많은 날은 피부 밖으로 나온 땀이 체온을 내려줄 만큼 잘 마르지 않기 때문에 무덥게 느껴진다. 여름에 면직 옷이 시원한 것은 다른 종류의 천보다 땀을 잘 흡수하여 빨리 건조되도록 하기 때문이다.

땀을 지나치게 흘리면 수분이 부족해져 탈수 현상으로 갈증을 느끼게 된다. 그러므로 목이 마르면 물을 충분히 마셔야 근육이 정상으로 활동할 수 있다. 인체는 체중의 약 62%가 수분이다. 만일 갈증을 참아 탈수가 심해진다면 생명이 위독해진다.

땀 속에는 소금기(염분)가 많이 녹아 있다. 그러므로 지나치게 많은 땀을 흘리면 염분도 대량 빠져나가 생명이 위험해진다. 무덥거나 운동으로 땀을 많이 흘린 뒤에 간장(또는 소금)을 조금 탄 물을 마시면 냉수보다 더 맛이 좋게 느껴진다. 판매하는 '스포츠 음료'는 당분과 함께 간간할 정도로 소량의 소금을 녹인 물이다.

127
진땀(식은땀)은 덥지도 않은데 왜 나오나?

청소년들은 진땀이 나는 경우를 잘 의식하지 못할 것이다. 그러나 대화 중에는 "거짓말이 탄로 날까 진땀을 뺐다."라든가, " 변명하느라 진땀을 흘렸다." "손에 땀을 쥐고 경기를 지켜보았다."라는 등의 말을 한다. 이처럼 정신적으로 매우 긴장하고 있거나 두렵거나 할 때, 어떤 호르몬의 작용으로 끈끈하게 흐르는 땀을 진땀이라 한다. 그래서 이런 땀을 '식은땀'이라 말하기도 한다.

진땀은 몸이 매우 허약하거나, 통증이 너무 심해 견디기 어려울 때도 흐른다. 이런 진땀은 이마만 아니라 손바닥, 때로는 몸 전체에서 흘러나오기도 한다. 덥지도 않은데 온몸에서 땀이 나는 일이 생긴다면, 몸에 이상이 있으므로 의사를 곧 찾아가야 한다.

땀을 많이 흘리고 나면 왜 땀 냄새가 심해질까?

몸에서 흐르는 땀 자체에는 아무 냄새가 없다. 그러나 땀을 흘리고 조금 지나면 냄새가 나기 시작한다. 땀은 모세혈관이 연결된 땀샘에서 분비된다. 땀의 성분은 대부분 물이고, 그 속에는 염분과 약간의 노폐물이 포함되어 있다.

땀으로 젖은 피부에 박테리아가 번식하면서 차츰 냄새가 나게 된다. 피부에 붙은 박테리아는 적당한 수분과 그 속의 노폐물을 영양분으로 흡수하며 빠르게 증식한다. 불쾌한 냄새는 노폐물이 분해될 때 생겨나는 화학물질에서 풍기는 것이다. 특히 기온이 높은 여름에는 다른 계절보다 박테리아가 빨리 증식하기 때문에 금방 땀 냄새가 나기 시작한다.

특히 신발을 신은 발에서 땀이 나면, 축축한 상태가 계속되므로 여러 종류의 박테리아가 대량 증식하여 고약한 냄새를 풍기게 된다. 그러므로 땀을 흘리고 나면, 땀에 젖은 옷이나 양말을 벗고, 비누로 얼른 씻는 것이 자신의 건강을 지키는 데도 중요하고, 다른 사람에게 불쾌감을 주지 않는다.

땀샘에는 '에크린 땀샘'과 '아포크린 땀샘' 두 가지가 있다. 에크린 땀샘은 온몸에 있는 반면에, 아포크린 땀샘은 겨드랑이와 사타구니에 주로 몰려 있다. 아포크린 땀샘에서는 단백질과 지방질 성분이 포함된 땀이 나온다. 어떤 사람의 몸 냄새(체취)가 심하다면, 아포크린 땀샘의 땀에 세균이 많이 번성했기 때문이다.

아포크린 땀샘은 어릴 때는 거의 활동하지 않고, 성인이 되면서 많이 분비하게 된다. 누구나 자기 몸에서 나는 냄새는 잘 느끼지 못한다. 자신은 자기 체취를 계속 맡고 있으므로 그 냄새에 마비되어 있기 때문이다. 코는 같은 냄새를 몇 분간 계속 맡으면 마비 현상이 나타나 느끼지 않게 된다.

땀 냄새의 정도는 사람에 따라 다르다. 냄새가 심한 사람은 향수를 뿌리거나, 땀이 나오는 것을 막는 발한 억제제를 사용하기도 하지만, 자주 몸을 씻는 것이 가장 좋다.

129

물속에 오래 있으면 왜 손바닥과 발바닥에 주름이 잡힐까?

목욕탕에서 따뜻한 물로 목욕을 하거나, 수영을 오래 하다가 보면 손과 발바닥이 마치 건포도 표면처럼 잔뜩 주름이 잡혀 있다. 그러나 물에서 나와 옷을 갈아입고 얼마 있으면 주름은 모두 사라진다.

손바닥과 발바닥은 피부층의 두께가 다른 곳보다 두텁다. 물속에 오래 있으면 두꺼운 피부층은 많은 수분을 흡수한 탓으로 늘어나, 마치 물에 젖은 신문지처럼 주름이 잡힌다. 그러나 피부가 마르면 그 주름은 곧 펴진다.

고무장갑을 오래 끼고 있다가 벗어보면 그때도 주름이 잡혀 있다. 이때는 손에서 나온 땀이 고무장갑 속에 고여 주름이 되도록 한 것이다. 만일 더운 목욕을 하고 나왔는데도 손바닥에 주름이 생기지 않았다면, 목욕 시간이 짧았던 탓이다.

손톱과 발톱의 성분은 무엇이며 어떻게 자라나?

인간의 손은 너무나 훌륭한 연장이다. 그 손으로 온갖 일을 하고, 무언가를 만들고 고치고, 글을 쓰고 악기를 연주하고 한다. 이런 일을 할 때 손톱이 없다면 그 기능을 제대로 할 수 없게 된다. 손톱은 조금 다쳐도 손작업을 어렵게 한다.

손톱과 발톱은 '케라틴'이라는 단백질 성분으로 구성되어 있다. 케라틴은 손발톱과 머리카락을 구성하는 벽돌 분자와 같다. 케라틴이라는 말은 '동물의 머리에 솟은 뿔'을 의미하는 그리스어에서 나왔다. 많은 동물의 발에는 발톱이 잘 발달해 있다. 그들은 발톱으로 먹이를 잡아서 찢고, 나무에 오를 때 단단히 움켜잡으며, 가려운 곳을 긁기도 한다.

손가락 끝부분을 보호하는 손톱은 단단하면서 탄성이 좋아 충격에 잘 견딘다. 그러나 손톱이나 발톱이 너무 자란 경우 충격을 받으면 손톱 부위 전체가 상처를 입어 찢어지거나 빠지거나 기형이 되거나 한다. 그러므로 손발톱은 언제나 단정히 깎아두고 잘 보호해야 한다.

손발톱을 다듬을 때, 손톱은 끝을 둥그렇게 모양을 내도 좋지만, 발톱 (특히 엄지발톱)은 수평으로 깎아야 한다. 그렇지 않으면 발톱 좌우 가장자리가 살 속에서 자라 나오게 되어 매우 아프게 한다.

손톱과 발톱은 영양을 공급하는 모세혈관이 없는 죽은 세포이다. 손톱이 시작되는 부분에는 반달처럼 나온 하얀 조직이 묻혀 있는데, 이 부분은 그 모양 때문에 '반월'이라 부른다. 이 반월은 케라틴을 만드는 세포들이 모여 있는 손톱 생산 공장과 같다. 이곳에서 케라틴이 계속 생성되기 때문에 손톱은 조금씩 자라면서 밖으로 밀려 나간다.

손톱 아래 반월의 크기나 모양은 건강과 아무런 관계가 없다. 반면, 손톱 밑은 반투명하기 때문에 혈관의 상태를 다소 보여주는데, 잘 관찰하면 몇 가지 건강의 이상을 찾아낼 수 있다. 만일 손톱 아래가 분홍빛이 아니고 새파랗다면 손으로 흐르는 혈액의 흐름에 이상이 있다고 볼 수 있다. 손톱이 심하게 휘거나, 움푹 꺼지는 등 비정상으로 자라면 의사에게 보여 다른 병이 없는지 진단받아야 한다.

손톱은 대개 3개월에 1cm 정도 자란다. 그런데 나이가 많아지면 손톱이나 머리카락이 자라는 속도가 조금 줄어든다. 오른손잡이는 오른손 손톱이 조금 더 빨리 자라고 왼손잡이는 반대이다. 그 이유는 자주 쓰는 손으로 더 많은 혈액이 흐르기 때문이라고 한다.

131
손톱을 깎지 않고 기르면 어떤 모양이 될까?

손톱과 발톱을 가진 동물들은 그들의 손발톱인 발굽이나 발톱을 깎지 않고 일생을 산다. 그들에게는 발굽과 발톱이 없어서는 안 될 도구이고 무기이며, 활동하는 동안에 마모되어 일정한 상태로 유지된다.

그러나 손으로 온갖 일을 하는 인간은 손톱을 적당한 길이로 깎고 다듬지 않는다면, 그 손으로 일을 할 수 없게 된다. 손톱이 길면 거추장스럽기도 하지만 손가락을 다칠 위험이 많아진다. 발톱도 마찬가지이다. 맨발로 걷다가 돌부리에 부딪히면 긴 발톱이 부러지게 되는데, 이때 발톱과 함께 발가락도 심하게 다친다.

어떤 나라의 점성술사들은 손톱을 자르지 않고 산다. 그들의 손톱 모양은 마치 앵무새 주둥이처럼 길고 뾰족하다.

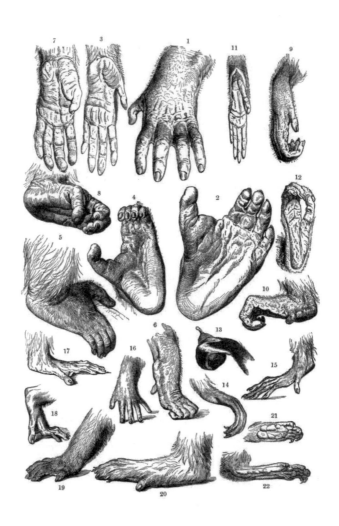

원숭이 손톱 원숭이 무리(영장류)의 손발톱 모습은 종류에 따라 다양하다.

132

상처가 깊으면 왜 꿰매는 수술을 해야 하나?

날카로운 칼이나 유리에 깊게 베이거나 상처가 크면 병원에서 수술용
실로 기워야(봉합해야) 한다. 피부 속으로 상처가 깊이 생기면 굵은 혈관
이 절단되어 지혈시키기 어려우며, 상처와 혈관 속으로 세균이 들어갈 위
험이 커진다. 이런 큰 상처는 아무는 데 긴 시간이 걸리며 큰 흉터가 생길
수 있다.

의사는 상처 부위를 소독하고, 터지거나 찢어진 부분을 서로 바르게 붙
여 외과수술용 바늘과 실(봉합사)로 꿰맨다. 얼굴의 큰 상처는 흉이 없도록
더욱 조심스럽게 촘촘히 깁는다.

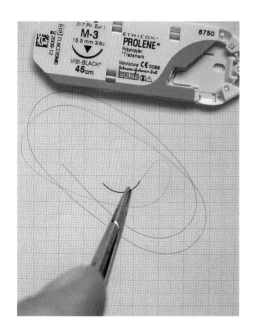

수술용 실과 바늘 봉합용 실과 바늘은
1회용이다. 수술용 실의 성분은 폴리프
로필렌이라는 합성 섬유이며, 바늘에는
눈이 없고, 실과 바늘이 붙은 상태로 만
든다. 봉합사에는 수술 부위에 따라 편
리하도록 여러 종류의 바늘과 실이 생
산되고 있으며, 봉합실 중에는 피부 속
에서 녹아 흡수되는 것도 있다. 합성 섬
유로 만든 봉합실이 발명되지 않았던
과거에는 명주실이 사용되었으며, 고대
이집트에서는 마라 불리는 식물의 질
긴 섬유를 봉합에 사용했다.

상처가 깊으면 왜 흉터가 남을까?

피부를 이루고 있는 세포는 모든 세포 중에서 가장 바쁘다. 피부 표면의 세포는 죽어 끊임없이 떨어져 나가고 있으며, 그 자리를 새로운 세포가 생겨나 채운다. 피부 세포는 약 28일마다 새 세포로 바뀌고 있다.

피부의 세포는 긁히거나 상처를 입으면, 새로운 피부 세포가 재생하여 며칠 뒤에는 다친 곳이 어디인지 알 수 없을 정도로 말끔하게 회복된다. 그러나 상처가 너무 크고 깊게 베이거나 하면, 이때는 피부의 세포만 아니라 피부층보다 깊숙한 곳의 조직까지 상처를 입는다. 이런 경우에는 피부 세포가 재생하는 것이 아니라, '흉터 조직'이라 부르는 특수한 세포가 생겨난다.

흉터 조직 세포는 피부 세포와는 달리 탄성이 적고 두터우며 색깔도 옅다. 또한 피부 세포와 달리 표면의 세포가 떨어져 나갔을 때 새로 재생하지도 않는다. 그러므로 흉터는 주변의 피부와 모양이 다르고 색과 탄성도 다르게 된다.

노인이 되면 왜 피부에 주름이 생길까?

얼굴의 주름 상태를 살펴보면 상대방의 나이를 대략 짐작할 수 있다. 어릴 때는 없던 주름이 40세를 넘기면서 점점 생겨나는데, 나이가 많아질수록 주름의 수가 늘어나고, 주름의 깊이라든가 굵기도 더해간다. 노령이 되어도 주름이 전혀 생기지 않는 사람은 아무도 없다. 그러나 사람에 따라 주름의 정도에는 차이가 있다.

얼굴의 주름은 웃거나, 미간을 찌푸리거나, 찡그리거나, 울거나, 눈썹을 치켜들 때 생겨난다. 이런 주름은 반복적으로 찡그리는 자리에 생기므로, 나이가 들면 가만히 있어도 펴지지 않는 주름으로 변한다. 같은 나이일지라도 어떤 사람은 주름이 많이 생기지만 훨씬 적은 사람도 있다. 이런 사람은 유전적으로 부모의 피부를 닮았을 가능성이 크다.

햇볕 아래서 장시간 일하는 직업을 가진 사람들은 그늘에서 일하는 사람에 비해 더 일찍 주름이 생기며 깊고 굵게 형성된다. 이것은 자외선의 영향 때문이다. 평소 그늘진 곳에서 은둔 생활을 주로 하는 수도자들은 훨씬 주름이 적게 생겨난다. 검은 피부를 가진 사람은 검은색이 자외선 침투를 막아주기 때문에 주름이 덜 생긴다.

선탠(햇볕 쪼이기)을 많이 하면 주름을 재촉하는 결과를 가져온다. 주름이 많은 노인의 얼굴 피부를 만져보면 아주 얇다는 것을 알게 된다. 자외선은 피부가 탄력을 갖도록 해주는 단백질 성분(콜라겐이라는 섬유)을 약하게 만들며, 피부 세포가 빨리 파괴되도록 하는 작용을 한다. 그 결과 세포의 수가 줄어든 피부는 얇아지고 주름이 생겨난다. 두꺼운 종이보다 얇은 종이가 쉽게 접어지는 것과 같다.

노인의 얼굴을 보면 뺨이나 눈 아래, 턱 아래의 피부가 늘어져 있다. 이것은 얇아진 피부가 내려온 탓이다. 늘어지고 주름이 많은 피부를 가진 사람이 중력이 없는 우주 공간으로 나간다면, 반반해지고 주름도 많이 줄어든다.

과학자들의 조사에 의하면, 담배를 피우는 사람은 훨씬 먼저 주름이 심해진다. 담배를 피울 때 눈으로 들어가는 연기 때문에 눈과 얼굴을 자주 찌푸리고, 또한 연기를 빨 때 입술을 심하게 조이므로 입술 주변에 주름이 심하게 생기도록 하는 것이다.

135
햇볕을 많이 쬐면 왜 피부암이 잘 생기나?

피부색이 희고 창백하면 건강이 나쁜 사람으로 보이기 쉽다. 그래서 많은 사람, 특히 젊은이들은 해수욕장이나 수영장에서 햇볕 아래에서 맨몸을 태워 건강해 보이는 갈색 피부를 만들려고 한다.

피부가 불에 데어 심한 화상을 입은 자리나, 문신을 한 곳에 피부암이 발생하는 경우가 많다. 또한 태양 아래에 피부를 너무 심하게 노출해도 피부암이 쉽게 발생한다.

태양빛에는 눈에 보이지 않는 자외선이 포함되어 있으며, 자외선은 높은 에너지를 가지고 있다. 피부 깊숙이 침투한 자외선이 피부 밑바닥 세포에 손상을 주면 암세포로 변할 가능성이 커진다. 강한 자외선을 특히 장시간 쬐인다면 피부암이 발생할 확률은 더욱 높아진다. 미국의 경우, 1년에 자외선에 의한 피부암 발생자가 약 50만 명에 이른다고 한다.

피부 세포 중에 멜라닌 색소를 생산하는 멜라닌 세포가 암세포로 되면, 악성 암이 되어 간, 폐, 뇌에까지 퍼지기 쉽다. 다행히 피부암은 겉으로 드러나기 때문에 발견이 잘 되고, 치료만 하면 암 중에서 완치율이 높다.

신문방송에서는 수시로 오존층 파괴를 염려하는 뉴스를 보내고 있다.

오존층이란 지구를 둘러싼 대기층의 맨 위층에 있는 원자 상태의 산소층이다. 이 오존은 자외선을 잘 흡수하여 지구 표면으로 강한 자외선이 내려가는 것을 막아준다. 사람들이 오존층이 줄어드는 것을 두려워하는 것은, 바로 강력한 자외선이 지상까지 내려와 피부암 환자를 더 많이 발생시킬 위험이 있기 때문이다.

선탠(suntan) 갑자기 장시간 피부를 태양에 노출하면 화상을 입으며, 지나친 노출은 피부암을 발생시킬 위험이 있다.

자외선이나 화학 물질 때문에 유전자에 이상이 생긴 세포가 있으면, 그 세포는 필요 이상 분열하여 혹(암 조직)을 만들게 될 가능성이 있다. 만일 몸에 사마귀나 검은 점이 갑자기 생겨 연필 위에 붙어 있는 지우개보다 커졌다면 의사의 진단을 받아야 한다.

136
지문은 어떤 역할을 하며, 왜 사람마다 모양이 다른가?

깨끗이 씻은 유리나 거울 표면을 엄지나 검지로 누르면, 거기에 지문(指紋)이 남는 것을 선명하게 볼 수 있다. 발가락과 발바닥에도 지문과 같은 무늬가 있다. 이 세상에 같은 모양의 지문을 가진 사람은 일란성 쌍둥이 일지라도 없다고 할 만큼 사람마다 지문이 다르다. 또한 지문은 일생 변하지도 않는다.

손바닥에 지문이 없다면 어떻게 될까? 그렇게 되면 손은 너무 미끄러워 삽이라든가 망치, 칼 등 도구를 잡을 수 없게 된다. 원시시대의 사람들이라면 열매를 따기 위해 나무에 오르지도 못했을 것이다.

손바닥에 지문만 있다고 해서 미끄러운 것을 막을 수는 없다. 손바닥에는 수없이 많은 땀샘이 있어, 이곳에서 끊임없이 땀이 솟아나고 있다. 땀에는 소금과 약간의 지방질도 포함되어 있다. 이처럼 수분으로 젖은 잔주름이 가득한 손바닥은 물건을 미끄러지지 않도록 잡는 중요한 작용을 한다.

137
지문은 왜 흔적이 남으며, 수사관들은 어떻게 지문을 찾아내나?

범죄자를 추적하는 수사관들의 과학을 범죄 수사 과학이라 하고, 그러한 연구를 하는 과학자들을 범죄 수사 과학자라 한다. 범죄 사건 현장에 온 수사관들은 장시간에 걸쳐 지문, 혈흔, 탄피, 총알이 박힌 자국, 발자국, 범인의 몸에서 떨어졌을지 모르는 머리카락, 피부 세포, 기타 미세한 흔적들을 조사하는 동시에 사진으로 현장을 기록한다.

수사관들이 확인하는 증거들 가운데 범인의 지문, 머리카락 색, 피부색, 눈동자의 색, 문신, 얼굴형, 음성, 혈액형, 골격, 치아, 심장 박동, DNA 등 신체와 관련된 증거를 조사하는 것을 '생체 증거 측정'이라 한다.

수사관들이 범인 확인에 가장 많이 사용하는 생체 증거가 지문이다. 지

핸드툴 손은 지문이 있기 때문에 온갖 도구를 미끄러지지 않게 잡고 일할 수 있다.

문은 유리컵이나 문의 손잡이 같은 매끄러운 물체의 표면에 잘 드러나는데, 지문이 남는 이유는 땀샘에서 나온 성분과 함께 물건을 만질 때 손가락에 묻은 기름기, 먼지, 피, 물감 등이 있기 때문이다.

수사관들은 의심스러운 곳에 어떤 가루를 뿌리고, 붓으로 털면서 지문을 찾는다. 그들이 분사하는 가루는 지문에 묻어 있는 성분과 반응하여 자국을 드러내도록 하는 물질이다. 그리고 지문이 발견되면 그 영상을 컴퓨터에 입력하여 수사 기관이 보유한 방대한 지문 데이터베이스 속에서 동일인을 찾는다.

범죄자들은 자신의 지문을 남기지 않으려고 온갖 방법을 다 쓴다. 그러나 수사 과학자들은 범인들이 확실히 지웠을 것으로 생각하는 지문뿐만 아니라 다른 오염 물질까지 찾아내는 온갖 지식을 가지고 있다.

손과 발바닥에서는 끊임없이 땀이 분비된다. 신비스럽게도 잠이 들면 손과 발바닥에서 나오던 땀이 멈춘다. 잠자는 동안에는 손으로 일을 하지 않으므로 인체는 자동으로 몸속의 수분을 아끼도록 땀을 멈추는 것이다.

138
화상을 입으면 왜 위험하고 잘 낫지 않을까?

부주의로 난로나 뜨거운 물 또는 국에 화상을 입는 경우가 있다. 목욕탕에서도 화상을 입고, 해수욕장에서 너무 태워 화상이 생기기도 한다. 우리의 피부는 60℃ 이상의 온도에 노출되면 화상을 입는다. 화상만큼 무서운 부상은 없을 것이다. 피부에 분포한 감각 중에서도 가장 민감하게 느끼는 것이 온도 감각인 이유는 그만큼 화상이 위험하기 때문일 것이다.

화상을 가볍게 입어 표면이 붉고 따끔거리는 정도라면 며칠 또는 1~2주일 사이에 깨끗하게 낫는다. 그러나 화상이 깊어 물집이 생기고, 상처에서 진물이 계속 흐를 정도라면 오래 걸려야 회복된다. 불행하게도 화상이 더 심하여 살점이 허옇게 변했거나 검게 타거나 했다면('피부 괴사'라 말함), 화상 부위에 다른 세균이 계속 감염되기 때문에 치료에 몇 개월~몇 년이 걸리기도 한다. 더구나 나아도 화상 특유의 흉터가 남는다.

화상이 두려운 이유는 화상 입은 부분의 세포가 삶거나 구운 고기처럼 익어서 죽어버리기 때문이다. 화상의 깊이와 정도에 따라 다르지만, 화상 범위가 넓으면 생명이 위험하다. 누구나 일생을 두고 뜨거운 것에 대해서는 방심하지 않아야 한다.

화상은 데인 정도에 따라 1도, 2도, 3도 화상으로 나누기도 한다. 1도 화상은 흉터 없이 며칠 사이에 좋아지는 화상이고, 2도 화상은 2주 정도 지나야 회복되는 화상이며, 3도 화상은 3주 이상 치료 시간이 걸리는 큰 화상을 말한다.

찜질방은 내부 온도가 아주 높은데도 화상을 입지 않는 이유는 무엇인가?

온갖 종류의 대중목욕탕이 있다. 더운물을 채운 온탕에는 수온이 낮은 저온탕과 고온인 열탕이 있다. 저온탕은 수온이 37℃ 정도이고, 고온탕은 43℃ 정도로 높게 하기도 한다. 고온탕에 들어간 어린이들은 견디지 못하고 곧 나온다.

여름철이 되어 기온이 30℃를 넘으면 사람들은 더위를 참기 어려워한다. 체온보다 기온이 높은 열대나 사막에 사는 사람들은 더위를 어떻게 견딜까 궁금하다. 그런데 많은 사람이 찾는 사우나탕 속은 온도가 80~100℃ 이르기도 한다.

인체는 추위를 만나면 소름이 돋고 벌벌 떠는 방법으로 체온을 유지하려 한다. 반면에 더위를 만나면 땀을 흘려 체온을 내린다. 기온이 매우 높은 사우나에서 화상을 입지 않고 견딜 수 있는 것은 피부에서 끊임없이 많은 땀이 흘러나오기 때문이다. 사우나 속에서는 땀이 나오는 것을 잘 느낄 수 없다. 땀이 피부 밖으로 나오자마자 증발하기 때문이다.

찜질방이나 사우나에서 뜨거운 열기를 오래 참다 보면 자신도 모르게 화상을 입을 수 있다. 너무 뜨겁다고 느껴질 때는 자신의 몸이 견딜 수 있는 온도의 한계에 도달한 것이므로 참지 말고 밖으로 나가야 한다.

140
반창고를 붙여둔 피부 부분은 왜 하얗게 될까?

손가락을 다쳐 2~3일간 반창고를 붙여두었다가 떼고 보면 그 부분이 다른 곳보다 흰색이 되어 있다. 그러나 다시 하루 이틀 지나면 그 자리는 근처의 피부색과 같아진다. 피부에 햇빛이 비치면 표면 쪽에 멜라닌 색소의 양이 증가하여 색이 짙어진다. 그러나 햇빛을 보지 못하면 색소 입자가 줄어들어 색이 옅어진다.

멜라닌에는 유멜라닌, 페오멜라닌, 뉴로멜라닌, 알로멜라닌, 파이오멜라닌 5가지 종류가 알려져 있으며, 색이 검은 것은 '유멜라닌'이고, 갈색인 것은 '파이오멜라닌'이다. 동양인에게는 유멜라닌이 많고, 서양인에게는 파이오멜라닌이 많다. 아프리카의 흑인들은 강한 자외선에 잘 견디도록 검은 피부의 인류로 진화한 것이다. 화장품회사에서는 흰 피부를 원하는 사람들을 위해 멜라닌을 감소시키는 제품을 개발하고 있다.

아토피성 피부염은 왜 생기나?

아토피성 피부염은 원인을 잘 알지 못하는 피부병이다. 얼굴, 팔다리, 몸통을 가리지 않고 생기는 이 피부병은 잘 낫지 않을 뿐 아니라, 치료해도 재발하기 일쑤이며 증상도 다양하다. 아토피성 피부병은 가려진 곳에 잘 발생하며, 못 견디게 가려우므로 긁어 염증이 생기기도 한다.

아토피성 피부병은 농경 생활을 하고, 어머니가 직접 젖을 먹이던 옛날에는 지금처럼 흔하지 않았다. 이 피부병은 아기에게 더 많이 나타나며, 성장하면서 점점 줄어든다. 그러나 성인 중에도 아토피성 피부염 환자가 다수 있다.

의학자들은 현대 문명이 발달하면서 생산하게 된 각종 화학 물질 중 특수한 성분이 이런 피부병이 생기도록 한 원인이라고 생각한다. 원인으로 의심되는 화학 물질에는 음식에 넣는 어떤 첨가물, 화학 섬유의 분말, 벽지의 화학 접착제 등이 있다. 그 외에 집안 먼지, 카펫이나 침구 속에 사는 먼지 진드기(매우 작은 곤충), 애완동물의 털 가루 등도 원인으로 생각하고 있다.

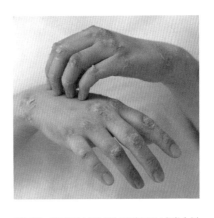

아토피 아토피성 피부염 증상으로 나타난 붉은 반점은 가려움도 심하다. 여러 종류의 치료용 연고가 판매되고 있다.

아토피성 피부염은 알레르기 환자와 동일한 원인으로 발

병하므로, 알레르기성 피부병으로 취급한다. 이 피부병은 스트레스를 받거나 신경을 많이 써도 증세가 악화되는 경향이 있다.

모기에 물린 자리가 가려운 이유는 무엇일까?

모기는 암수 모두 평소에는 식물의 꿀과 수액을 빨아먹는다. 그러나 암컷 모기가 몸에 알을 가지면 사람이나 가축의 피를 빨게 된다. 그 이유는 알을 키우는 데 영양이 풍부한 동물성 단백질이 필요하기 때문이다.

암모기는 밤에 주로 피 사냥을 한다. 피부에 앉으면 바늘 같은 주둥이를 내밀어 모세혈관이 있는 곳을 찾는다. 피부는 모세혈관이 그물처럼 펼쳐져 있다. 그들은 혈관에 2개의 관을 찔러 넣는다. 하나는 피를 빨아내는 것이고, 다른 하나는 모기의 타액(침)을 피부 속으로 밀어 넣는 관이다.

모기의 침은 모세혈관에서 나오는 혈액이 굳어버리지 않도록 해준다. 혈액이 응고해버리면 빨아먹을 수도 없으려니와, 모기 몸 안으로 빨려 들

모기 모기는 한 번에 자기 체중보다 4배나 많은 혈액을 빨 수 있다. 피를 빨 때는 혈액 응고 방지 물질을 주입하여 피가 굳어버리지 않도록 한다.

어간 피와 함께 모기 몸 전체가 단단히 굳어버릴 것이다.

인체는 낯선 세균이나 물질(이물질)이 몸속으로 들어오면, 그것을 없애기 위해 특별한 반응을 일으킨다. 모기 물린 자리가 가려워지는 것은, 바로 모기가 모세혈관에 주입한 낯선 혈액 응고 방지 물질 때문이다. 그에 따라 물린 자리 근처는 곧 가려움을 느끼며 빨갛게 부어오른다. 낯선 물질에 대한 인체의 이런 반응을 알레르기 현상이라 한다.

알레르기 현상은 물린 부분의 세포에서 히스타민이라는 물질이 분비되기 때문에 나타난다. 히스타민이 분비되면 그곳으로 백혈구가 몰려온다. 모기 물린 자리로 달려온 백혈구는 모기의 혈액 응고 방지 물질을 감싸서 파괴하는 작용을 한다. 백혈구가 많이 모이면 그 자리는 부어오르고, 긁으면 주변 조직으로 퍼져 더욱 간지럽게 한다.

143
모기는 사람이 있는 곳을 어떻게 알고 찾아올까?

모기는 사람의 체온을 탐지하여 찾아온다. 또한 모기는 사람(다른 동물)이 내놓는 탄산가스 냄새도 맡는 것으로 알려져 있다. 잠들려 할 때, 모기의 소리가 귓가에 들리면 누구나 갑자기 긴장하게 된다. 모기의 소리는 작은 날개가 퍼덕일 때 생긴 음파이다. 작은 소리를 '모깃소리'라고 말하지만, 사람들은 그 작은 소리를 들으면 놀라 일어난다.

집안을 날아다니는 모기의 비행 방법을 관찰하면 참 놀랍다. 그들은 절대 같은 방향으로 한순간도 날지 않는다. 끊임없이 비행 방향을 크게 바꾸며 날기 때문에 그들을 손바닥으로 잡기가 정말 어렵다. 살충제 스프레이를 손에 들고 모기에게 쏘려고 해보면, 금방 어디론가 사라져 버리는 그들의 비행술이 놀랍다.

모기는 사람의 피를 빠는 동안 약 100가지 바이러스나 세균을 옮기는 (전염시키는) 것으로 알려져 있다. 그중에 대표적인 것이 말라리아와 뇌염이다. 그러므로 가능한 모기에게 물리지 않도록 해야 한다.

배가 불룩하도록 모기가 피를 빨아도 대부분의 경우 물린 것을 잘 느끼지 못한다. 피부가 부풀어 오르고 가려워진 다음에야, 모기에게 물린 것을 알고 긁기 시작한다. 흥미롭게도 모기에게 늘 물리며 사는 사람은 저항력이 생겨 부풀지도 않고, 가려움도 잘 느끼지 않게 된다.

144

왜 목욕을 자주 해야 할까?

몸에서 흘리는 땀에 포함된 분비물, 죽은 세포, 먼지 등이 세균에 의해 분해되면 나쁜 냄새를 만든다. 목욕을 하면 여기저기 다니는 동안 손발과 몸에 묻은 먼지와 세균, 악취 등이 제거된다. 또한 피부 표면의 죽은 세포가 씻겨 새로운 세포가 잘 나올 수 있다.

피부에서 벗겨져 나오는 때는 죽은 세포와 먼지 등이 쌓인 것이다. 목욕 할 때 피부를 심하게 문지르면 피부 세포를 상하게 하여 거친 피부를 만든다. 수건에 비누를 묻혀 문지르면 대부분의 때와 땀은 씻겨나간다. 운동 후와 외출하고 돌아와서는 샤워를 하는 것이 건강에 좋다.

6장

운동과 환경과
건강한 몸

145
어떤 사람을 건강하다고 할까?

원시시대의 사람들은 현대 문명 세계의 인간보다 훨씬 많은 노동(운동)을 했다. 숲과 들을 뛰어다니며 사냥하고, 물에 들어가 조개와 고기를 잡고, 숲에서는 먹을 것을 따서 껍질을 벗기는 등 끝없이 활동해야 했다. 농사를 짓던 농경시대의 선조들도 아침에 깨어나면서부터 잠들기 전까지 남녀를 가리지 않고 쉴 틈 없이 일을 했다.

반면 오늘의 문명인은 편한 생활 환경 속에서 운동 부족으로 심신이 허약해지기 쉽다. 그래서 사람들은 헬스클럽, 수영장, 축구장, 테니스장, 골프연습장 등에 가서 운동하거나 조깅, 사이클링, 에어로빅, 요가, 스포츠댄스 등을 하며 건강한 몸을 유지하려고 노력한다.

일반적으로 건강한 사람이란 병에 걸리지 않고, 몸에 별다른 이상이 없는 사람이라 말할 수 있다. 그러나 독감이 유행할 때면 쉽게 감기에 걸리거나, 조금만 심하게 일하거나 운동하고 나면 피곤해하거나 몸살을 앓는 사람이 있다면, 그렇지 않은 사람보다 건강하다고 할 수 없다. 한편 남보다 빨리 달리고 운동을 잘할 수 있는 체력이 강한 사람은 약한 사람보다 건강하다고 하겠다.

인체는 무리하게 운동하면 건강에 오히려 해가 되기도 하지만, 적절히 운동하면 훨씬 건강해져 병에 잘 걸리지 않고 강한 체력을 가질 수 있다. 사람은 개인마다 건강 능력에 차이가 있으며, 훈련에 따라 운동선수처럼 강한 체력을 갖게 될 수 있다.

146
운동을 계속하면 왜 체력이 강해질까?

줄넘기를 처음 하는 사람은 몇 차례 뛰지 않아 숨이 차고 다리가 아파 계속하지 못한다. 그러나 10일, 1달, 2달 계속 줄넘기를 연습하면, 나중에는 수백 번을 연달아 뛰어도 거뜬하고, 심지어 2단 뛰기를 수십 번, 수백 번 뛸 수 있을 만큼 체력이 좋아진다.

턱걸이, 팔굽혀펴기, 토끼뜀 등도 연습을 계속하면 1회도 하지 못하던 것을 수십 번 힘들지 않게 하게 된다. 역도선수는 연습을 오래 하는 동안 더 무거운 것을 들 수 있게 되며, 축구선수는 더 멀리 공을 차게 되고, 수영선수는 더 빨리 더 멀리 헤엄치도록 체력이 향상된다.

이처럼 체력이 좋아지는 것은 크게 두 가지 이유가 있다. 첫째는 그 운동에 필요한 근육이 같은 동작을 반복하는 동안에 점점 숙달되고 강인해지는 동시에, 에너지가 되는 단백질 등이 근육 세포에 비축된 것이고, 두 번째는 운동을 반복하는 동안에 심장과 폐의 활동(심폐 기능)이 강해졌기 때문이다. 심폐 기능이 좋지 않으면 잠시만 뛰어도 숨이 턱에 차고 가슴(심장)이 고통스럽다.

147
갑자기 달리기를 하면 얼마 못 가 숨이 차고 옆구리가 결리며 심장까지 아파지는 이유는 무엇인가?

달리기를 하거나 어떤 운동을 하면, 근육이 더 많은 에너지(영양분)와 산소를 소비하게 된다. 이때 필요한 에너지와 산소는 혈액을 통해 근육 세포에 공급된다. 앉아 있거나 가볍게 걷고 있을 때는 심장이 천천히 뛰므로 약간의 에너지와 산소만 공급해도 충분하다. 그러나 운동을 시작하면 운동량에 필요한 만큼 혈액을 공급해야 한다. 그러므로 운동을 시작하면 심장이 뛰는 횟수와 폐의 호흡수가 증가하기 시작한다.

그러나 준비운동 없이 갑자기 빨리 뛰기 시작했다면, 근육에 혈액이 제대로 공급되지 않는 상태이므로 산소와 에너지가 부족해져 숨이 차고 옆구리가 결려 움직일 수 없는 상황이 온다. 이럴 때는 심장까지 견디기 어렵게 조여드는 아픔을 느낀다. 이런 생리적 현상도 인체의 보호 반응의 하나이다.

그러므로 운동을 시작할 때는 가벼운 준비운동부터 시작하여 점점 운동량을 늘려가야 한다. 갑자기 격심하게 몸을 움직이면 부상도 입기 쉬우며, 심하면 근육이나 인대가 파열되기도 한다.

148
운동을 심하게 하면 체온이 오르고 땀이 흐르는 이유는?

운동을 하면 산소와 영양분(에너지) 소비가 급격히 많아지므로 호흡이 가빠지고 체온이 오른다. 성인 남자의 경우 조용히 있으면 4분 동안에 약 1리터의 산소를 체내에서 소비한다. 체온이란 이때 나온 열이다. 몸이 조용히 있을 때 사용하는 에너지로 전구의 불을 켠다면 약 85와트짜리 전구를 밝힐 수 있다고 과학자들은 계산한다.

그러나 걷기를 하면 약 4배나 많은 산소와 에너지를 사용하고, 달리기를 하면 달리는 정도에 따라 7~10배를, 마라톤선수는 약 15배를 소모한다. 달리기로 이처럼 많은 에너지를 소비한다면, 3분마다 체온이 약 1℃씩 오르게 되어, 10분도 달리기 전에 체온이 40℃에 육박하여 생명이 위험한 상태에 이르게 된다. 이럴 때 몸은 곧 땀을 흘려 일정한 체온을 유지하도록 조절한다.

149
뜨거운 햇볕 아래에서 왜 일사병에 걸릴까?

신체 중에서 열에 가장 약한 곳은 뇌와 심장이다. 뙤약볕이 쬐는 운동장에서 심한 두통과 현기증을 느끼다가 의식을 잃고 쓰러지는 사람이 있다면, 그는 뇌의 온도가 너무 올라간 상태이다. 이런 증상을 일사병이라 하며, 체력이 약하고 건강하지 못한 사람이 일사병에 잘 걸린다. 너무 더운 곳에 갇혀 있을 때 발생하는 열사병도 일사병과 비슷한 현상이다. 일사병과 열사병을 '온열 질환자'라고 말하며, 환자를 시원한 곳에 옮기고 물을 마시도록 하면 대부분 곧 깨어난다.

스트레스를 받으면 건강에 나쁘다고 하는데, 스트레스란 무엇인가?

사람만 아니라 모든 생명체는 태어나면서부터 여러 가지 중압(스트레스)을 받으며 일생을 산다. 어릴 때는 스트레스라는 말의 의미조차 모르고 자란다. 그러나 배가 고픈 것, 춥고 더운 것도 스트레스에 포함된다. 스트레스는 환경 스트레스, 생리적 스트레스, 심리적 스트레스 3가지로 크게 구분할 수 있다.

춥거나 더운 것, 호흡에 필요한 산소가 적거나 많은 것, 공기 중에 탄산가스나 유독가스가 많은 것, 심하게 흔들리는 것, 주변이 시끄럽거나 듣기 싫은 소리가 들리는 것, 제트기가 출발할 때 느끼는 원심력 등은 환경 스트레스에 해당한다.

생리적 스트레스는 쉬지 못하고 피곤하게 운동하거나 일해야 할 때, 잠을 자지 못할 때, 배가 고플 때, 멀리 여행하여 시차를 느낄 때, 통증을 느낄 때 등에 받는 고통이다.

시험을 앞두고 느끼는 불안, 낯선 곳에서 불량배를 만났을 때의 공포감, 친구와 다툰 뒤 느끼는 불쾌한 마음, 롤러코스터를 탈 용기가 나지 않는 두려움, 승객이 너무 많은 버스나 지하철 속에서 느끼는 답답함, 갖고 싶은 것을 갖지 못할 때의 욕구불만, 어려운 문제를 풀 때, 컴퓨터 게임이 제대로 되지 않을 때 느끼는 마음은 모두 심리적 스트레스라고 할 수 있다.

이러한 스트레스를 잘 견디는 사람과 그렇지 못한 사람이 있다. 심한 스트레스는 누구나 싫어한다. 스트레스가 많으면 건강에 해롭다. 그러나 적당한 스트레스는 오히려 적극적으로 생각하고 극복하려고 노력하는 정신을 가지게 하여 삶에 도움이 된다.

151
유산소 운동과 무산소 운동이란 무엇인가?

장거리 달리기, 사이클링, 수영, 축구, 농구 등의 운동은 끊임없이 크고 작은 근육을 움직이면서 많은 산소를 소비한다. 이처럼 스포츠 중에 산소 소비가 많은 운동을 유산소 운동이라고 부른다. 일반적으로 전신을 크게 움직이면서 운동하면 심장과 폐의 활동이 증가하여 산소를 많이 소모하므로 유산소 운동이 된다.

반면에 무거운 역기를 번쩍 올렸다가 내려놓기, 단숨에 100미터 달리기, 무거운 배낭 지고 서 있기, 높이뛰기, 창던지기나 포환던지기, 활쏘기, 사격 등의 운동은 순간적으로 큰 힘을 쓰긴 하지만, 운동하는 사이에 산소를 조금 소비한다. 그래서 이런 종류의 운동은 무산소 운동이라는 말을 쓴다.

유산소 운동과 무산소 운동을 정확하게 구별할 수는 없다. 이런 용어를 사용하기 시작한 것은 오래되지 않았다. 건강한 몸과 체력을 유지하기 위해서는 평소 유산소 운동을 꾸준히 해야 한다.

152
마라톤선수는 단거리 경주에서도 좋은 기록을 낼 수 있을까?

400m와 1,000m 달리기 육상 경기에서 우승하는 선수는 100m 경기에서도 우승하기를 바란다. 그러나 단거리, 중거리, 장거리 모두 석권하는 선수는 나타나지 않고 있다.

마라톤이나 1,000m 달리기는 잘하면서 100m 달리기에서는 기록이 좋지 못한 것은 이상한 일이 아니다. 단거리 경기에서는 기록이 좋으면서

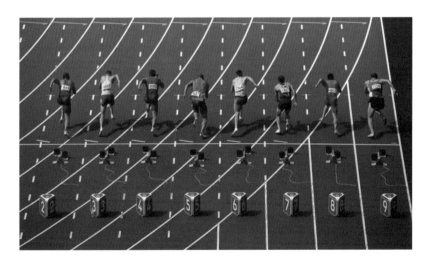

달리기 장거리를 잘 달린다고 해서 반드시 단거리도 좋은 성적을 내는 것은 아니다.

장거리에서는 우승하지 못하는 경우는 얼마든지 있다. 이것은 달리기를 잘한다고 해서 힘까지 세지 않은 것이 이상하지 않은 것과 마찬가지이다.

사람은 개인에 따라 잘하는 운동이 서로 다르다. 육상이나 수영의 단거리 경기는 경기하는 시간이 아주 짧아, 경기하는 동안 산소를 많이 소비하지 않는다. 이런 경기에서는 무산소 운동에 강한 능력을 가진 사람이 좋은 성적을 올린다. 반면에 장거리 선수는 유산소 운동 능력이 우수해야 한다. 한편 중거리에 강한 선수는 무산소 운동과 유산소 운동 능력이 모두 높아야 할 것이다. 그런데 무산소와 유산소 운동을 모두 뛰어나게 잘하는 사람은 없다.

153
식사 후 바로 운동을 시작하면 왜 나쁜가?

식사를 금방 끝낸 뒤의 위장은 음식을 가득 담은 자루와 같은 상태이다. 몸을 움직일 때마다 자루의 내용물이 아래위 좌우로 흔들린다. 그러므로 식후에 바로 운동을 시작하면 몸이 균형을 잡는 데 부담을 준다. 달리기든 축구든 어떤 종류의 운동이라도 몸의 균형을 잡기 불편하면 더 힘들고 운동도 효과적으로 이루어지지 않는다.

식사를 끝내고 나면 소화 작용을 돕기 위해 혈액이 소화 기관의 혈관으로 많이 몰려간다. 그러므로 운동을 해야 하는 심장과 팔, 다리의 근육에는 혈액 공급이 줄어든 상황이 되어 충분한 힘과 속도를 내기 어렵다. 배가 부른 상태로 억지로 달리면 기분이 나빠지고 구토감이 생길 때도 있다.

식사하고 1시간 정도 지나면, 소화된 음식이 소장으로 많이 들어간다. 소장은 자루가 아니라 파이프이므로 음식은 차곡차곡 들어가 위에서처럼 마구 흔들리지 않는다. 스포츠 과학자들은 운동은 식사 후 1시간쯤 지난 뒤에 시작하는 것이 좋다고 한다. 특히 격심한 운동은 2시간 후에 해야 좋은 기록을 낼 수 있다고 한다.

식사 직후에는 누구나 식곤증을 느낀다. 그러므로 이런 때는 공부 효과도 좋지 않다. 그 이유는 소화 기관으로 혈액이 많이 몰려감에 따라 뇌로 가야 할 혈액의 양이 감소하기 때문이다.

154
달리기(조깅)와 걷기 운동은 왜 건강에 좋은가?

공원에 가보면 수많은 사람이 조깅을 하거나 걷기 운동을 하고 있다. 의사는 운동이 부족하다고 판단되는 사람이 있으면 조깅과 걷기 또는 줄넘기를 권한다. 이런 운동은 건강한 몸을 만들고 지키는 데 아래와 같은 장점이 있다.

1. 달리기 운동은 유산소 운동이므로 심장과 폐를 튼튼히 해주고, 팔다리와 몸 전체의 관절과 근육이 적절히 활동하도록 한다.

2. 자기가 할 수 있는 능력만큼 달리기 속도와 시간을 조절할 수 있다.

3. 같은 동작을 일정하게 반복하는 리드미컬(규칙적)한 운동이어서, 반복해도

근육과 뼈에 무리를 거의 주지 않는다.

4. 운동하기 위해 특별한 장소나 기구, 상대가 필요치 않으며, 비용이 들지 않는다.

5. 다만 경쟁 상대가 있는 운동과는 달라 지루한 점이 있다. 그러므로 친구와 나란히 조깅을 한다면 도움이 된다.

155
수영할 때는 왜 뚱뚱한 사람이 유리할까?

다른 운동은 모두 육상에서 하지만 수영은 물속에서 한다. 육상과 수중은 운동하는 환경과 조건이 다르다. 물속에서는 부력의 작용으로 몸이 가벼워지며, 땀을 흘리지 않아도 체온이 조절된다. 육상 운동은 몸을 세운 상태로 하지만, 수영은 수평 자세로 한다.

수영 뚱뚱한 사람은 지방질이 많아 물에 잘 뜨기 때문에 장거리 수영에 유리하다.

키가 170cm인 두 사람의 체중이 각기 60kg이고 80kg이라고 하자. 체중이 무거운 사람은 몸에 지방질(체지방)을 많이 가지고 있다. 인체의 근육이나 다른 조직은 비중이 물보다 조금 크므로 물속에 들어가면 가라앉는다. 그러나 체지방은 비중이 물의 70% 정도여서 물속에서 둥둥 뜨게 된다.

두 사람의 체중을 물속에서 잰다면 60kg인 사람은 약 5.5kg이고, 80kg인 사람은 오히려 가벼운 약 3.8kg이 된다. 몸에 지방질이 많아 수중에서 오히려 1.7kg이나 가벼워진 사람은 무거운 사람보다 힘을 적게 들이고(에너지를 적게 사용하고) 수영을 할 수 있다.

수영에는 몸이 뜨도록 하는 힘과 앞으로 나가는 힘이 필요하다. 뚱뚱한 사람은 뜨는 데 필요한 에너지를 적게 사용한다. 물에 잘 뜨면 머리가 더 높이 유지되므로 호흡하는 데도 조금 유리하다. 특히 장거리를 수영해야 할 때는 체지방이 많은 것이 더욱 유리하다. 그러므로 장거리 수영선수는 체중을 불린 상태로 도전하고 있다.

담배는 왜 피우며 금연하기 어려운 이유는 무엇일까?

콜럼버스가 남아메리카 대륙을 처음 발견했을 때, 그곳 원주민들은 담배를 피우고 있었다. 이후 담배는 유럽으로 전해지고, 16세기에는 일본에도 보급되었다. 우리나라에 담배가 들어온 것은 17세기였다. 당시에는 담배의 피해를 알지 못하고 전국으로 보급되어 심지어 어린이들까지 피운 때가 있었다.

오늘날에는 담배가 각종 암의 원인이 되고, 건강에 얼마나 나쁜지 잘 알려져 있다. 담배를 장기간 피워온 성인들은 금연하려고 애를 쓴다. 그러나 금연에 성공하려면 강한 결심과 인내심을 발휘해야 한다.

담배가 해로운 데도 끊지 못하고 습관적으로 피우는 이유는 담배 속에 포함된 '니코틴'이라는 물질 때문이다. 담배를 피우면 니코틴 성분이 폐를 통해 혈액으로 들어가 심장과 뇌에 이른다. 니코틴은 다른 기관에도 나쁜 영향을 주지만, 뇌에 들어가면 뇌세포와 결합하게 되어, 이때부터 뇌는 니코틴이 계속 보충되기를 기다리게 된다.

만일 3~4시간 이상 니코틴이 공급되지 않으면, 뇌는 정신적인 고통을 느끼며 마음의 안정을 찾지 못한다. 이러한 증세는 담배를 다시 피울 때까지 계속된다. 이런 현상을 '담배 중독'이라 한다.

담배는 구강암(후두암), 폐암, 기관지염, 방광암, 심장질환의 큰 원인이다. 또한 담배는 화재 발생의 큰 원인이며, 담배 연기는 주변 사람의 건강에도 피해를 준다. 담배 외에 술(알코올)과 마약도 습관성이 있어, 중독자가 끊으려 하면 고통을 호소한다. 담배를 피우다 금연에 성공한 사람은 모두 이렇게 말한다. "담배를 끊은 것은 정말 잘한 일이었다."

157
건강에 위협이 되는 오존과 오존층이란 무엇인가?

오존은 산소의 일종이다. 일반적인 산소는 2개의 원자가 결합한 상태(O_2)이고, 색이나 냄새가 없다. 그런데 산소 원자가 하나 더 결합하면 3개의 산소 원자로 이루어진 오존(O_3)으로 변한다. 이런 오존이 공기 중에 0.1ppm(1ppm은 100만분의 1) 이상 혼합되어 있으면 소독한 수돗물에서 풍

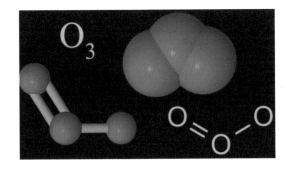

오존 오존은 산소 원자 3개가 결합한 분자이다. 대기 중에 오존이 0.1ppm 이상 포함되면 호흡기에 피해를 줄 위험이 있기 때문에 오존 경보가 발령된다.

기는 냄새(염소 성분의 냄새)가 난다.

지상 15~25km 상공의 대기층(성층권)은 공기가 희박하다. 태양에서 오는 강한 자외선이 이곳에 있는 산소 분자에 비치면, 산소 분자가 깨어져 산소 원자(O)가 생겨나고, 이것이 일반 산소와 결합하여 오존이 된다.

오존은 지구의 성층권에만 소량 존재하며, 성층권의 오존은 태양에서 오는 강력한 자외선을 흡수하는 중요한 작용을 한다. 과학자들은 오존이 많이 섞인 성층권 부분을 특히 오존층이라 부른다. 만일 성층권에 오존이 전혀 없다면, 강력한 자외선이 지상까지 도달하여 생물체의 몸에 나쁜 영향을 주게 된다. 그 이유는 자외선의 강한 화학 작용 때문이다. 바닷가에서 피부를 태우면 갈색으로 변하는 것은 바로 자외선의 영향이다.

오존은 화학적으로 불안정하여 쉽게 산소 분자(O_2)와 산소 원자(O)로 나누어진다. 이 산소 원자는 산화 작용이 강하여 세균을 죽이기도 하고, 옷이나 종이의 색을 탈색시키기도 한다. 그래서 상업적으로 생산한 오존은 탈색제(표백제)로 쓰거나 물을 소독할 때 사용한다.

남극 상공의 대기를 조사하던 과학자들은 1980년대에 그곳의 성층권에 오존의 양이 절반으로 줄어든 부분이 생긴 것을 발견했다. 그것을 '오존 구멍'(ozone hole)이라 하는데, 오존이 없는 구멍이란 뜻이다. 오존 구멍이 있으면 그 구멍으로 강력한 자외선이 지상에 도달하여 인간은 물론 모든 생물에게 온갖 나쁜 영향을 주게 된다.

남극 상공에 오존 구멍이 생긴 원인은 인류가 사용한 여러 가지 화학 물질이 성층권까지 올라가 그곳의 오존을 파괴했기 때문이었다. 지난 반세기 동안에 오존층의 오존량은 약 10% 감소했다. 오존층 파괴에 가장 영향을 준 화학 물질은 프레온가스, 할론, 질소산화물 등이었다. 냉장고나 에어컨의 냉각제로 오래도록 사용해 온 프레온가스는 오존층 파괴 작용이 심하여 오늘날에는 세계적으로 사용을 규제하고 있으며, 이를 대신하여 다른 무해한 가스를 사용하고 있다.

자동차의 매연이라든가 공장 연기에 포함된 물질도 공기 중의 산소에 영향을 주어 대기 중에 오존이 생겨나게 한다. 지난 반세기 동안 대기 중의 오존량은 약 7% 증가했다고 한다. 오존이 많다는 것은 매연에 의한 대기 오염이 심하다는 것을 증명한다. 오존을 많이 마시면 두통이 나고 피곤해지며, 호흡기 질환이 생기거나 폐암의 원인이 될 수 있다. 따라서 기상청에서는 사람이 많은 곳의 오존 농도를 항상 조사하여 농도가 높아지면 오존 주의보 또는 경보를 내리고 있다.

이온 음료란 어떤 것인가?

인체는 체중의 약 60%가 물이다. 몸속의 물은 땀, 소변, 대변 등으로 배출되므로 누구나 충분한 물을 계속 섭취해야 한다. 인체의 수분(체액) 속에는 나트륨, 염소, 칼륨, 마그네슘, 철, 인 등의 무기물(염분)이 상당량 녹아 있다. 운동하면서 땀을 많이 흘려 체내의 수분이 부족해지거나 염분이 줄어들면 갈증이 오면서 물을 찾게 된다.

1965년에 미국의 한 과학자는 물에 나트륨 이온(Na^+)과 칼륨 이온(K^+), 그리고 당분을 일정한 비율로 혼합하여 마시면 수분 공급이 빨리 일어나므로, 땀을 많이 흘린 운동선수가 이런 물을 들이키면 탈수 상태에서 빨리 회복된다고 주장했다. 약 2년 후 이 연구를 토대로 이온 음료수가 상품화되었으며, 오늘날에는 온갖 상품명으로 여러 가지 이온 음료가 판매되고 있다.

소금을 물에 녹이면, 일부 소금은 나트륨 이온(Na^+)과 염소 이온(Cl^-)으로 된다. 나트륨 이온은 원자가 전자를 1개 잃어버린 상태이고, 염소 이온은 전자를 1개 더 얻은 상태이다. 이런 이온 상태의 물질은 다른 분자와 쉽게 결합하는 성질이 있다. 인체 내부에서 화학반응이 일어나는 체액은 전체가 이온수라고 할 수 있다.

과거 우리 선조들은 여름에 땀을 흘리며 일하고 나면, 우물에서 길어 올린 냉수에 간장을 조금 타서 마셨다. 간장을 넣은 물은 훌륭한 이온 음료이며, 갈증이 날 때는 맹물보다 더 맛있게 느껴진다.

건강에 해롭다는 산성비는 무엇이며 왜 생기나?

비가 내리면 때때로 방송에서는 "산성비를 맞지 않도록 조심합시다." 라는 말을 들려준다. 빗물은 원래 화학적으로 중성이어야 한다. 그러나 산업이 발달하면서 빗물은 점점 산성 빗물로 변하고 있다.

공장 굴뚝에서 나오는 연기, 석유나 석탄을 태울 때 배출되는 가스에는 일산화탄소, 이산화황(아황산가스), 산화질소와 같은 가스가 포함되어 있다. 이런 가스가 구름의 빗방울과 접촉하면, 황산이나 질산이 생겨 산성이 강한 비로 변하게 된다. 그러므로 산성비는 대기 오염이 심한 대도시나 공업단지 근방에 더 많이 내린다.

지상에 내린 산성비가 강이나 호수에 고이면 그곳에 사는 식물이나 동물의 생존에 나쁜 영향을 준다. 산성비가 나뭇잎에 떨어지면 세포를 파괴하는 피해를 주므로 잎이 병들어 광합성 작용을 하지 못하게 되고, 일찍 낙엽지게 된다. 산성비를 심하게 맞은 가로수와 숲의 나무들은 여름부터 낙엽이 지고, 가을이 왔을 때는 단풍색이 곱지 못하며, 잎에 상처가 많다.

또한 땅속으로 스며든 산성비는 토양 속의 동식물과 토양 미생물에도 피해를 준다. 산성이 심한 물은 암석 속의 알루미늄을 녹여내고, 알루미늄은 수생생물에게 독소가 된다. 산성비는 탄산칼슘 성분을 녹이므로, 탄산칼슘이 주성분인 대리석으로 만든 건축물이나 조각품을 손상시킨다. 산성비를 맞아서 떨어진 나뭇잎에는 미생물도 살기 어려워, 그 낙엽은 잘 썩지 않고 지상에 오래 깔려 있게 된다.

산성비가 너무 심해지면 생물들이 살지 못할 지경이 된다. 때때로 자연

산성비 산성비를 내리게 하는 원인을 설명한다. SO_2, NO_x는 모두 산성 물질이다.

적으로 대규모로 산성비가 생겨나기도 한다. 예를 들어 화산이 폭발하여 연기를 내뿜으면, 그 연기 속에는 아황산가스가 다량 포함되어 있어 산성비가 되는 것이다.

산성비는 구름을 따라 이동하기 때문에 국제적인 문제이다. 발전소나 공장, 자동차 등에서 황 성분을 제거한 연료를 사용하려 하는 것은 산성비를 줄이려는 노력의 하나이다. 맨몸으로 산성비를 맞으면 인체의 세포에 나쁜 영향을 주므로 누구나 건강을 위해 되도록 산성비를 맞지 않도록 주의해야 할 것이다.

환경호르몬이란 무엇이며, 인체에 어떤 해를 주나?

남자를 남성스럽게, 여자를 여성스럽게 만드는 호르몬을 각각 남성호르몬, 여성호르몬이라 하며, 이런 호르몬을 성호르몬이라 한다. 대표적인 남성호르몬은 테스토스테론이고, 여성호르몬은 에스트로겐과 프로게스테론 두 종류가 있다. 남성과 여성이 사춘기 나이가 되면 이들 호르몬이 생겨나 성인이 되도록 한다.

인류는 온갖 화학 물질을 인공적으로 합성하여 대량 사용하고 있으며, 해마다 수만 종의 새로운 물질을 만들고 있다. 그러한 물질 중 100여 가지는 여성호르몬인 에스트로겐과 비슷한 작용을 하는 성질이 있다. 대표적인 물질로는 살충제로 사용했던 DDT, 몇 가지 농약, 플라스틱 제품에 포함된 DES, 화학제품인 다이옥신, PCB 등이다.

에스트로겐과 비슷한 성질을 나타내는 이러한 인공적인 화학 물질을 환경호르몬이라 부른다. 이들은 전 세계의 토양과 물을 오염시키고 있으며, 식수나 음식물을 통해 몸으로 섭취되고 있다. 만일 어린 시절에 이런 환경호르몬에 심하게 오염된다면, 남성이든 여성이든 불임이 되기 쉬우며, 생식 기관이 정상적으로 발달하지 못하거나, 암이 발생하기도 한다.

환경호르몬을 예방하기 위해 각 나라는 그러한 물질 생산을 금하기도 하고, 쓰레기를 분리수거 하여 오염을 막기도 한다. 사람들은 플라스틱 그릇 대신 유리나 도자기를 이용하도록 하며, 아기의 젖병도 유리병을 사용한다. 그 이유는 플라스틱에서 환경호르몬이 녹아 나올 염려가 있기 때문이다. 또한 플라스틱으로 음식을 싸거나 담지 않도록 노력하며, 농약이 남아있는 채소나 과일은 충분히 씻어 먹도록 하고 있다.

환경호르몬은 인간에게만 피해를 주는 것이 아니라 하등동물에서 고등동물까지 모든 동물에도 비슷한 악영향을 준다. 예를 들어 악어나 물고기의 경우 환경호르몬의 영향으로 수컷의 수가 줄어들고, 기형 동물이 많아진 보고가 수시로 나오고 있다.

161
황사는 왜 인체에 위험한가?

봄철에 특히 심한 황사를 사람들은 '봄의 불청객'이라 하며 싫어한다. 황사가 심하면 사람들은 외출을 삼가고 마스크를 쓰기도 한다. 황사가 지나치면 화창해야 할 하늘을 뿌연 먼지로 뒤덮어 버린다. 황사가 날려 오면 나뭇잎은 숨구멍이 막혀 탄소동화작용에 지장을 받고, 사람들은 호흡기 질환과 결막염 같은 눈병이 나기도 한다.

중국 북부와 몽골 지방은 사막지대이다. 타클마칸 사막, 고비 사막, 황하강 상류, 아라산 사막 등이 있는 이 지역에 폭풍과 같은 강한 바람이 불면, 대규모로 미세한 흙먼지가 일어 하늘을 덮게 된다. 이런 먼지가 편서풍(서쪽에서 동쪽으로 부는 바람)에 실려 우리나라까지, 심할 때는 일본까지 날려 가는 것이 황사이다. 더군다나 이 황사와 함께 중국의 도시와 공장에서 발생한 공해 먼지(미세먼지)들이 함께 섞여 오고 있으며, 그 정도가 매우 심해졌다.

원래 황사는 봄철에 주로 나타나는 오래된 자연적인 기상 현상의 하나

황사 도시 중국으로부터 불어오는 바람 속의 황사 때문에 맑은 하늘인데도 하늘이 불투명해져 있다.

였지만, 중국에서 발생한 매연이 함께 날려 오면서 우리나라는 심각한 피해를 입게 되었다. 황사가 심한 날은 하늘이 안개가 낀 듯이 뿌옇고, 구름이 없는 날인데도 태양까지 희미하게 보인다.

우리나라까지 날아오는 황사 속의 미세입자 크기는 1~10μm정도이다. 이 먼지에는 공해 물질인 이산화황과 이산화질소와 같은 산성 물질이 붙어 있다. 이런 작은 입자가 인체 호흡기는 말할 것도 없고 정밀기계나 전자장치에 들어가면 피해를 줄 수 있다. 그래서 많은 가정과 시설에서는 미세먼지를 걸러내는 공기청정기를 가동하기도 한다.

조류독감은 어떤 병인가?

역사상 세계적으로 독감이 유행하여 많은 사람이 죽은 경우가 몇 차례 있었다. 특별한 예로는 1918년에 유행한 스페인 독감과 1968년의 홍콩 독감이다. 이때의 독감은 야생 새들에게 감염되는 조류 바이러스가 사람에게 감염된 것이 원인이었다고 과학자들은 추측하고 있다.

집에서 기르는 닭, 오리, 거위 등을 비롯하여 야생 조류의 호흡기에 치명적인 피해를 주는 바이러스 유행병이 조류독감이다. 조류독감이 발생하면 주변에서 사육하는 다른 닭과 오리 등에 전파되는 속도가 매우 빠르다. 그리고 이 조류독감 바이러스는 매우 드문 일이지만 변형이 되어 인간만

조류독감 조류독감이 유행하면 방역반원들은 특별히 제조된 바이러스 살균제를 살포하여 외부로 전염되는 것을 방지하는 동시에, 죽었거나 감염되었다고 생각되는 닭이나 오리를 살처분한다.

아니라 다른 동물에게까지 전염되는 경우가 있다.

따라서 닭이나 오리 농장에서 조류독감 바이러스가 발견되면, 정부에서는 방역 조직을 최대한 동원하여 백신을 주사하는 동시에 바이러스 살균제를 살포하여 다른 지역으로 전염되지 않도록 노력한다. 바이러스 살균제는 바이러스를 둘러싼 막을 파괴하여 죽게 한다.

방역 활동이 시작되면 바이러스 살균제를 대규모로 살포하고, 수천수만 마리의 닭과 오리를 살처분(소각, 매몰)하기도 한다. 그러므로 조류독감 경보가 발령되면, 일반인은 조류 사육장에 함부로 접근하지 않아야 하고, 방역반의 활동에 적극 협력해야 할 것이다.

163
암은 왜 발생할까?

피부에 상처를 입어 살점이 떨어져 나가면, 그 상처 주변의 세포는 세포 분열을 시작하여 새로 피부를 만들게 된다. 그리고 상처가 본래의 모습으로 회복되면 세포 분열은 중단된다. 그러나 어떤 이유인지 인체 조직의 일부 세포가 비정상적으로 불어나기를 계속하여 커다란 덩어리를 만들면, 그것이 암 덩어리(암 조직)가 된다.

암 조직은 주변의 건강한 조직을 파괴하거나 나쁜 영향을 준다. 암 조직에서 떨어져 나온 암세포는 혈관을 따라 다른 곳으로 이동하기도 한다. 이런 경우 "암이 전이되었다."고 말한다. 암은 발생 장소나 성격에 따라 위암, 폐암, 뇌암(뇌종양), 대장암, 혈액암 등 각기 다른 이름을 붙인다.

암세포가 생겨나는 원인은 화학 물질, 방사선, 담배, 알코올, 바이러스 등이 세포의 유전자에 나쁜 영향을 주어 변화시키기 때문이라고 생각하고 있다. 암이 발생하는 원인이라든지, 새로운 치료법 등에 대한 뉴스는 거의 매일 신문방송에 보도되고 있지만, 암을 완전히 정복할 수 있는 날은 아직도 예측할 수 없다. 그러나 암 조직을 제거하여 치유하는 의학은 계속 발달하고 있다.

164
암은 어떤 방법으로 치료할까?

암 치료법에는 크게 나누어 화학치료, 수술치료, 방사선치료 3가지가 있다. 화학치료법은 암세포를 죽일 수 있는 약품을 주사하거나 먹는 것이다. 두 번째인 수술치료법은 암 조직을 수술로 제거하는 방법이고, 세 번째 방사선치료는 암 조직에 방사선을 쪼여 암세포가 죽도록 하는 것이다.

일반적으로 암을 치료할 때는 위의 3가지 방법을 동시에 사용한다. 암 치료를 받는 사람은 부작용으로 음식을 먹지 못하는 등 고통을 받으며, 머리카락이 빠지기도 한다. 이러한 현상은 약품이라든지 방사선이 암 조직만 아니라 주변의 다른 조직과 혈액에까지 영향을 주기 때문이다.

오늘날 암은 일찍 발견하기만 하면 거의 완치될 수 있다. 정기적으로 건강진단을 하여 암과 다른 질병을 미리 찾아내어 치료하는 것이 자신의 건강을 지키는 중요한 지혜이다.

병을 일으키는 바이러스는 어떤 생물인가?

일반적으로 박테리아라고 부르는 단세포 생물에는 수없이 많은 종류가 있다. 이들 박테리아 중에 인체에 병을 일으키는(원인이 되는) 종류를 특별히 '병원 박테리아'라 부른다.

소아마비, 천연두, 뇌염, 독감, 광견병, 에이즈 등은 수천 년 전에도 있었던 전염병이다. 그러나 이런 병의 원인이 박테리아가 아닌 바이러스라는 것을 알게 된 것은 20세기 이후이다. 당시까지 바이러스의 존재를 알지 못했던 것은 바이러스가 너무 작아 현미경으로도 볼 수 없었기 때문이다. 바이러스를 눈으로 확인하게 된 것은 수만 배로 확대하여 보는 전자현미경을 발명한 이후였다.

미국의 과학자 웬델 스탠리는 담배의 잎에 병을 일으키는 세균을 찾던 중, 1935년에 전자현미경을 사용하여 세균과는 전혀 다른 형태를 가진 바이러스를 처음 발견했다. 바이러스는 종류가 많으며, 동물만 아니라 식물

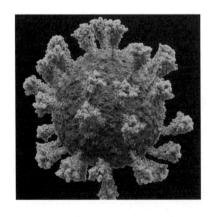

코비드바이러스 코비드-19코로나바이러스의 형태를 알아보기 쉽게 나타낸 이미지이다. 박테리아의 크기는 대개 2~3μm이고, 바이러스의 크기는 20~200nm(나노미터, 1nm=0.000001mm)이다. 바이러스는 다른 생명체의 세포 내부에 기생하여 자신과 같은 유전 물질을 가진 바이러스를 대량 복제한다. 그들은 살아있는 생명체의 내부가 아니면 증식하지 못한다.

심지어 박테리아의 세포에도 기생하는 지극히 작은 존재이다.

바이러스는 이미 11,000종 이상 발견되었으며, 근년에는 코비드-19라 불리는 코로나 바이러스 병이 세계적으로 유행하여 인류를 위협하기도 했다. 바이러스는 지극히 작은 존재이기지만, 그 속에 감추어진 비밀은 아직 알지 못하는 것이 많다.

컴퓨터에 전염되어 고장이나 이상을 일으키는 악성 프로그램을 '컴퓨터 바이러스'라고 부르고, 컴퓨터 바이러스가 침입하는 것을 막아주는 프로그램을 '바이러스 백신'이라 부르는 것은 병을 일으키는 바이러스에서 따온 용어이다.

166
탄수화물은 어떤 영양소인가?

한국인의 주식인 쌀을 비롯하여 밀, 보리, 옥수수, 감자, 고구마, 밤 등의 주성분은 탄수화물이다. 탄수화물이라는 말은 탄소와 수(水; 물)로 이루어진 화합물이라는 뜻이다. 탄수화물은 물에 녹을 수 있는 것과 녹지 않는 것 두 가지로 나눌 수 있다. 설탕이라든가 엿, 과일즙, 꿀 등의 달콤한 맛을 가진 것은 물에 녹는 탄수화물이고 쌀, 밀, 옥수수, 감자의 탄수화물은 물에 녹지 않는 탄수화물이다. 물에 녹지 않는 탄수화물은 전분 또는 녹말이라 한다.

물에 녹지 않는 탄수화물일지라도 위장에 들어가 소화가 되면 모두 물에 녹는 탄수화물인 포도당으로 변한다. 포도당은 작은 분자이기 때문에

탄수화물 감자, 고구마, 쌀, 밀, 옥수수, 빵은 탄수화물이 주성분이다.

혈관으로 쉽게 들어가 온몸으로 전달되어 생명 활동에 필요한 에너지가 된다. 쇠약한 환자에게 포도당 주사를 놓는 것은 혈관 속으로 영양분(연료)을 직접 공급하여 빨리 에너지가 되도록 하기 위한 것이다.

혈액 속에 사용하고 남을 정도의 포도당이 있으면, 인체는 이것을 '글리코겐'이라는 물질로 변화시켜 간에 저장한다. 글리코겐은 필요할 때 다시 포도당으로 변할 수 있으며, 단백질이나 지방질로도 변화될 수 있다.

단백질은 어떤 역할을 하는 영양소인가?

인체의 근육과 몸 성분은 주로 단백질로 이루어져 있다. 그러므로 단백질은 인간만 아니라 모든 동물이 자라는 데 꼭 필요한 영양소이다. 단백질은 생선의 살, 동물의 살코기, 계란, 치즈, 우유, 콩 등에 많이 포함되어 있다.

단백질을 먹으면 위 안에서 작은 분자로 분해되는데, 이들을 아미노산이라 하며, 아미노산에는 약 20가지가 있다. 아미노산은 혈액을 따라 온몸의 세포에 전달되며, 필요할 때 이들은 결합하여 다시 단백질이 된다. 단백질은 몸을 구성하는 성분이지만, 몸에 탄수화물이나 지방질이 부족하면 에너지가 되기도 한다.

인체를 구성하는 단백질은 단백질 식품을 먹어야 생성되는 것이 아니다. 소, 말, 토끼, 염소, 사슴 등의 초식동물은 풀만 먹지만 그들의 근육은 단백질로 만들어진다. 마찬가지로 인체도 탄수화물을 원료로 하여 필요한 단백질과 지방질을 만들고 있다. 단백질과 지방질이 풍부한 음식은 맛이 좋은 식품이며, 탄수화물보다 영양가가 높다.

168
동물성 지방과 식물성 지방은 어떤 차이가 있나?

지방(질)은 동물의 기름, 버터, 땅콩, 식용유 등에 다량 포함된 중요한 영양소이다. 지방은 피부 아래에 저장되어 피부를 탄력 있게 해주는 동시에 추위도 차단해 준다. 피부의 지방층이 얇으면 추위를 참기 어렵다. 인체는 탄수화물과 단백질 영양분이 부족하면 저장된 지방질을 분해하여 에너지로 사용한다.

지방질은 분자의 모양에 따라 포화지방과 불포화지방 두 가지로 크게 나눈다. 포화지방은 주로 동물의 기름진 살코기, 버터, 돼지기름 등에 많기 때문에 이들을 동물성 지방이라 부르기도 한다. 포화지방에는 콜레스테롤이라 부르는 지방질의 일종도 많이 포함되어 있다.

불포화지방은 생선과 식물의 기름이나 열매 속에 포함되어 있다. 식물

포화지방산

불포화지방산

지방산 지방질^{지방산}의 분자 구조를 보면 포화지방산과 불포화지방산 2종이 있다. 포화지방산은 탄소^C와 수소^H가 빈자리 없이 결합해 있다. 그러나 불포화지방산은 탄소와 수소의 결합 상태가 다르다.

에서 추출한 지방질을 식물성 지방이라 부르는데, 동물성 지방이든 식물성 지방이든 모두 필요한 영양소이다. 인체는 적당한 양의 지방을 섭취해야 건강하다. 그러나 지방을 지나치게 많이 섭취하면 피부 아래에 저장되어 비만한 몸이 된다. 뚱뚱한 몸은 동작이 불편하고 고혈압과 같은 만성병에 걸릴 위험이 높다.

169
비타민은 매일 먹어야 하나?

비타민은 없어서는 안 되는 매우 중요한 생리 작용을 하기 때문에 필수영양소에 포함된다. 필수영양소란 인체가 정상적으로 활동하는 데 꼭 필요한 탄수화물, 지방질, 단백질, 무기질(미네랄) 그리고 비타민을 말하며, 이들을 '5대 영양소'라 한다.

비타민은 영양소라고 하지만 3대 영양소라 부르는 탄수화물, 지방질, 단백질과는 달리 에너지가 없고 몸을 구성하지도 않는다. 그리고 비타민은 인체 내에서 만들어질(합성) 수 없어 필요한 양을 외부(음식 등)로부터 섭취해야 한다.

비타민은 A, B, C, D.... K 등 지금까지 20여 종류가 알려져 있으며, 각 비타민은 아주 적은 양이지만 몸에서 일어나는 물질대사(화학 변화)를 지배하고 조절하는 작용을 한다. 세포 속에서 역할이 끝난 비타민은 소변으로 배설된다. 그러므로 필요한 비타민은 음식을 통해 먹어야 한다.

약국에서 파는 종합비타민은 사람에게 필요한 비타민을 모두 조합하여 만들고 있다. 영양분을 골고루 섭취하지 못하는 사람은 적당량의 종합비타민을 먹는 것이 건강에 도움이 된다. 채식을 많이 하고 음식을 고루 먹는 사람이라면 비타민 결핍 현상이 거의 나타나지 않지만, 편식 경향이 있는 사람이라면 종합비타민을 복용하는 것이 건강에 도움이 된다.

비타민 채소와 과일 속에는 각종 비타민이 많이 포함되어 있다.

중독은 왜 일어날까?

오염된 음식을 먹어 식중독이 발생하면 심한 복통이 일어나고, 설사와 구토가 나며, 식은땀이 나기도 하고, 피부에 붉은 반점이 솟아나는 알레르기 현상도 나타난다. 식중독은 위장과 장에 해로운 물질이 들어온 것을 알고 몸 밖으로 급히 배출하는 인체의 방어 작용 가운데 하나이다.

식중독은 대부분 부패한 동물의 살코기나 생선, 조개, 굴, 우유 등을 먹은 후에 나타난다. 그러므로 식중독은 겨울보다 음식이 잘 부패하는 여름에 흔히 발생한다. 음식이 부패한다는 것은 그 속에 인체에 해로운 세균이 대량 번식한 것이다. 세균이 음식물을 분해하면 인체에 해로운 독소가 생겨난다.

그 외 독버섯이나 복어, 독초를 먹어도 식중독이 발생한다. 어떤 사람은 방부제가 든 음식을 먹어도 식중독 증세를 나타낸다. 인체는 소량의 독소는 스스로 청소하지만, 그 양이 많으면 거부 반응을 일으킨다. 그러므로 설사와 구토가 날 때는 모두 배출하도록 하는 것이 좋다. 식중독의 독소를 몸에 그대로 둔다면 생명을 잃게 된다. 그리고 식중독 증세가 심하면 반드시 의사의 진단과 치료를 받아야 한다.

171
음식과 함께 몸에 들어간 세균은 병을 일으키지 않나?

공기 중이나 음식에는 수없이 많은 세균이 섞여 있다. 이들은 숨을 쉴 때는 호흡 기관으로 들어가고, 음식을 먹을 때는 위장 안으로 들어간다. 그러나 거의 모든 세균은 위장에 들어가면 내부의 강한 산성 물질(염산) 때문에 곧 죽어 소화되어 버린다. 그리고 호흡기로 들어간 세균은 코, 기관, 폐의 점막에 포함된 살균력을 가진 물질에 의해 죽는다.

위장에서 분비되는 염산 속에서 살아남을 수 있는 생물은 회충과 같은 기생충을 제외하면 어떤 것도 없다. 만일 위액을 손수건에 묻힌다면 구멍이 날 정도이다. 위액이 이렇게 강한 산성 물질인데도 위벽은 녹아내리지 않는다. 그 이유는 위벽의 표면이 위산에 강한 보호막으로 덮여 있기 때문이다.

172
기생충이 위장 속에서 죽지 않는 이유는 무엇인가?

기생충 약이 보급되지 않았던 지난날에는 거의 모든 사람이 몸 안에 여러 종류의 기생충을 가지고 있었다. 기생충이 너무 많은 어린이는 영양분을 빼앗기기 때문에 혈색이 나쁘고 성장에도 지장이 있었으며, 늘 복통을 앓아야 했다. 그러나 기생충 약을 사용하게 된 오늘날에는 기생충을 가진 어린이가 1,000명에 1명 정도 발견될 만큼 드물어졌다.

기생충의 대표인 회충은 완전히 자라면 길이가 30cm에 이르며, 수백

마리를 몸 안에 가진 경우도 있다. 수명이 12~18개월 정도인 회충 암컷 1마리는 매일 200,000개의 알을 낳는 것으로 알려져 있다. 이 많은 알은 소화 기관 속에서도 죽지 않고 변과 함께 배설되며, 그 알은 흙 속에서 몇 년 동안 죽지 않고 견딜 수 있다.

강한 염산이 분비되는 위장에서 회충이 죽지 않고 살아남는 것은, 그들의 피부에서 염산으로부터 보호하는 물질이 분비되기 때문이다. 이것은 위벽이 위산에 상하지 않는 이유와 같다. 이처럼 생명력이 강한 기생충이지만 구충제를 먹으면 위나 장에서 죽게 되고, 죽으면 곧바로 소화액에 분해되어 버린다.

과거에는 분뇨를 비료로 사용한 밭에서 자란 채소를 날것으로 먹을 때, 거기에 묻은 기생충 알이 입으로 들어가 감염되는 경우가 많았다. 그러나 오늘날에는 채소밭에 인분을 사용하지 않기 때문에 채소에서 기생충 알을 찾아낼 수 없다. 그러나 가난한 나라에서는 지금도 8~12억 명이 회충의 피해를 보고 있다.

7장

유전과 건강

173
왜 인종에 따라 피부색이 다른가?

　사람은 피부색에 따라 백인종, 흑인종, 황인종 등으로 나누기도 한다. 우리나라를 비롯한 동양인은 거의 황인종이고, 아프리카 사람은 흑인종이며, 유럽인은 대개 백인종이다. 인종의 색은 그 사람이 어느 나라에 현재 살고 있는가에 따라 나타나는 것이 아니고, 그 사람의 조상이 어디에 살았는가에 달렸다. 즉 미국에 사는 흑인은 그들의 조상이 아프리카인이었기 때문에 검은 피부를 가지고 태어난다.

　피부의 색이 서로 다른 것은, 피부 세포에 포함된 멜라닌이라는 색소의 양이 많고 적은 결과이다. 멜라닌 색소가 많을수록 피부는 검은색을 띠게 된다. 피부를 태양 빛에 노출하고 있으면 멜라닌 색소의 양이 증가한다. 그러나 그늘 생활을 하면 멜라닌 색소의 양은 다시 본래대로 감소한다.

　피부에 멜라닌 색소가 전혀 없어 창백하게 보이는 사람이 있다. 이런 사람은 눈의 동공에도 색소가 없기 때문에 눈이 붉게 보이는데, 이 색은 안구 속의 혈관에서 나오는 것이다. 색소가 없는 사람을 알비니즘(또는 알비노)이라 부르며, 알비니즘인 사람은 어린이라도 흰 머리카락을 가지게 된다. 알비니즘은 인간만 아니라 여러 동물에서도 가끔 나타난다. 이런 알비니즘 현상은 어떤 이유로 멜라닌 색소를 만드는 유전자가 없어졌기 때문에 나타난다.

174
왜 아프리카인은 흑인이 되고, 유럽인은 백인이 되었을까?

인간을 제외한 다른 포유동물들은 털이 피부를 덮고 있다. 그러므로 동물들의 피부 털은 자외선을 자연스럽게 막아준다. 인류의 조상도 털을 가지고 있었을 것이다. 그러나 수백만 년 동안 진화해 오면서 인류는 피부의 털이 거의 없어지게 되었다.

인류가 처음 탄생한 곳은 아프리카였다고 인류학자들은 생각한다. 아프리카의 원시 인류는 높은 기온 때문에 체온을 보호해 줄 피부의 털이 필요치 않았다. 그 대신 그들은 강렬한 자외선 밑에서 피부를 보호해 줄 멜라닌 색소를 많이 가지도록 진화했다고 생각된다.

아프리카의 인류는 차츰 유럽과 아시아 대륙으로 퍼져 갔다. 유럽 땅은 아프리카보다 햇볕이 약하고 또 기온도 낮았다. 수십만 년 전에 일부 아프리카인은 유럽으로 이주했다. 위도가 높은 북쪽 대륙에서 살게 된 그들은 자외선이 약한 겨울철에는 멜라닌 색소를 오히려 줄이는 것이 생존에 유리했다. 그 결과 유럽에 살게 된 원시 인류는 차츰 백인이 되었다고 생각되고 있다.

사는 곳에 따라 사람들의 피부색은 상당히 차이가 있다. 가장 흰 피부
는 유럽 북쪽 스칸디나비아 사람들이고, 가장 검은 피부는 아프리카와 오
스트레일리아 원주민이다. 오늘날에는 인종이 서로 섞여 살게 되면서 피
부색의 농도가 매우 다양해졌다. 인류의 진화와 이동 경로, 인종 등에 관련
된 지식은 아직 불완전하다.

노인이 되면 왜 머리카락이 백발로 변할까?

피부와 눈 그리고 머리카락에는 멜라닌이라는 색소가 들어 있다. 멜라
닌은 피부를 구성하는 '멜라닌 세포'에서 만들어진다. 피부 세포 10개 중
1개꼴로 멜라닌 세포가 있다. 다른 피부 세포는 모양이 둥근데, 멜라닌 세
포는 문어발 모양으로 촉수가 몇 개 뻗어 있다.

멜라닌 세포 속에서는 효소의 작용으로 아미노산이 멜라닌으로 되며,
멜라닌은 촉수를 통해 그곳에서 나와 다른 피부 세포로 이동한다. 멜라닌
이 털 속으로도 들어가면 검은 머리카락 또는 체모가 된다. 그러나 어떤 이
유로 멜라닌이 공급되지 않으면 털은 백발이 된다.

흰 머리카락이 되는 이유는 두 가지가 알려져 있다. 하나는 멜라닌 세
포에서 멜라닌이 만들어지지 않는 경우이고, 다른 하나는 멜라닌 세포의
촉수 길이가 짧아져 다른 피부 세포까지 도달하지 못해 색소를 보낼 수 없
게 되었기 때문이다.

나이가 들면 멜라닌을 생산하는 양이 줄어든다. 그럴 때는 머리카락의 일부는 흰색이고 일부는 검정색이 된다. 그러다가 색소 생산 능력이 더 없어지면 완전히 백발이 된다.

머리카락은 왜 흰색으로 될까? 그것은 머리카락 성분인 케라틴이 본래 흰색이기 때문이다. 가끔 회색 머리카락을 가진 사람도 있다. 그런 모발 색은 흰머리와 검은 머리가 섞여 있어 회색으로 보이는 것이다.

어떤 사람은 젊은 나이에 드문드문 흰머리가 난다. 반면에 나이 많아도 검은색을 가지고 있기도 하다. 나이가 많아지면 왜 멜라닌 세포의 기능이 사라지는지 그 이유는 아직 모른다. 그런데 어떤 병을 앓고 나거나 영양 결핍, 비타민 B-12가 부족할 때 흰머리가 날 수도 있다. 이런 경우에는 상태가 회복되면 다시 검은 머리가 자라 나오기도 한다. 그러나 노인의 백발은 다시 검어지지 않는다.

176
사람은 왜 모두 얼굴 모습이 다를까?

세상에는 같은 모습을 가진 사람이 하나도 없다. 일란성 쌍둥이라도 어딘가 조금은 차이가 있다. 사람은 외모만 다른 것이 아니라 목소리, 걸음걸이, 성격 어느 것 하나도 같지 않다. 이런 차이는 사람에게만 있는 것이 아니다. 같은 나무에 매달린 수많은 나뭇잎을 모두 보아도 엽맥(葉脈)의 모양이 같은 것을 찾을 수 없다. 현미경으로 보아야 하는 미세한 생명체일지라도 서로 다른 형태를 가지고 있다. 과학자들은 하늘에서 무수히 내리는 눈

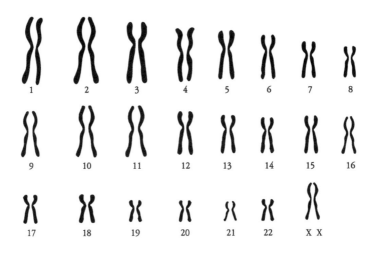

인간 유전자 인간의 각 세포 속 핵에는 23쌍의 유전자가 들어있다.

의 결정 모양도 저마다 다르다고 한다.

인간의 얼굴 모양, 키, 머리카락 색, 피부색, 눈동자의 색, 목소리, 성격, 표정이 다르게 되는 이유는, 부모에게 물려받은 세포 속의 유전자가 사람마다 다르기 때문이다. 인간의 각 세포에는 23쌍(46개)의 염색체가 들어있다. 이 염색체는 아버지로부터 23개, 어머니로부터 23개를 받은 것이다. 이들 염색체 속에는 독특한 모습(형질)을 결정해 주는 수천 개의 유전자가 들어있다. 수많은 유전자가 서로 섞이면 수백억 명의 사람이 태어나도 누구 한 사람 같은 유전자를 가질 확률이 거의 없다.

똑같은 모습으로 태어나는 일란성 쌍생아는 두 사람의 유전자가 같다. 그렇지만 그들이 자라면서 섭취하는 영양이라든가 생활 장소, 생활 방법, 건강 상태 등에 따라 조금은 차이가 생긴다. 이런 차이는 후천적인 것이다.

만일 어떤 과학자가 특수한 방법으로 유전자가 똑같은 사람을 태어나게 한다면, 그는 '복제인간'을 만든 것이다. 오늘날의 과학자 윤리는 복제인간을 만드는 것을 절대 금지하고 있다.

177

왜 왼손잡이와 오른손잡이가 있나?

인체의 왼쪽 뇌는 신체의 오른쪽 부분을 지배하고, 오른쪽 뇌는 몸의 왼쪽 부분을 조정하고 있다. 자기가 왼손잡이가 될 것인지 오른손잡이가 될 것인지 결정하는 것은 뇌이다. 평소 어느 쪽의 뇌가 강력하게 활동하는가에 따라 잘 쓰는 손과 발이 결정되는 것이다.

대부분의 남자(약 90%)는 왼쪽 뇌가 강하여 오른손잡이, 오른발잡이가 된다. 여자는 남자보다 오른손잡이가 조금 더 많게 나타난다. 왜 왼쪽 뇌가 강한 사람이 많은지 그 이유는 과학자들도 알지 못한다.

왼손잡이와 오른손잡이가 완전히 구분되는 것도 아니다. 어떤 사람은 글쓰기는 오른손으로, 망치질이나 가위질은 왼손으로 하는가 하면, 양손을 서로 비슷하게 쓰는 사람도 있다. 또 오른손잡이일지라도 왼손 사용을 계속하면 왼손을 잘 쓸 수 있게 된다. 사람 중에는 왼손잡이이면서 글씨는 오른손으로 쓰는 경우가 많다.

머리카락은 왜 곧은 머리와 곱슬머리가 있나?

원시시대의 인간은 지금보다 훨씬 많은 털을 온몸에 가지고 있었다. 그러나 현재의 인류는 잔털은 다소 있지만, 굵은 털은 머리와 몸 일부에만 있다. 머리카락의 털은 뜨거운 태양과 찬 기온을 막아주고, 속눈썹은 먼지를 가려주고, 눈썹은 땀이 눈으로 흘러내리는 것을 차단한다.

털은 모낭(털주머니)이라는 작은 구멍에서 자라난다. 모낭은 모양과 크기가 발생하는 위치에 따라, 그리고 사람에 따라 다르다. 털의 모양은 모낭이 어떻게 생겼는가에 따라 차이가 생긴다. 모낭이 크면 굵은 털이 나고, 작으면 가느다란 것이 자라 나온다. 또 모낭의 모양이 동그라면 곧은 머리카락이, 땅콩을 세운 것 같은 타원형이면 물결 모양의 머리카락이, 아래로 납작한 타원형이면 곱슬곱슬한 머리카락이 나온다.

곧은 머리카락이 자라는 모낭은 둥근 형태이고, 겨드랑이나 성기 부근의 털은 타원형 모낭에서 자란다. 어릴 때는 성기나 겨드랑이에 털이 없지만, 사춘기를 지나면서 나오게 된다. 특히 '안드로겐'이라는 남성호르몬이 분비되는 남성은 여성과 달리 턱수염이 자란다. 털의 모양은 유전성을 가지고 있다.

얼마나 많은 머리카락이 있으며,
머리카락은 어느 정도 빨리 자랄까?

인간의 머리에서는 약 100,000개의 머리카락이 자라고 있다. 붉은색 머리카락을 가진 사람은 그 수가 좀 적은 약 90,000개이고, 금발은 더 많은 약 140,000개를 가졌다고 한다. 검은 머리나 갈색 머리는 그 중간 정도이다.

머리를 감거나 빗질하면 머리카락이 많이 빠진다. 머리카락은 매일 50~100개 정도 빠지고 그만큼 새로 나고 있다. 머리털은 1년 동안에 약 15cm 자란다. 여름에는 조금 더 빨리 자라고 겨울에는 늦는 경향이 있다. 이것은 더울 때는 모낭에 혈액 공급이 잘 되어 머리카락이 자라는 데 필요한 영양분이 잘 공급되기 때문이다. 그러나 겨울이 되면 두피 쪽으로 흐르는 혈액 순환이 다소 둔해진다.

대머리가 되는 이유는 무엇인가?

나이를 먹어 가면 머리카락의 수가 줄어든다. 특히 남성은 심한 대머리가 되기도 한다. 머리카락이 자라 나오는 모낭이 쪼그라들면 처음에는 가느다란 머리카락이 짧게 나오다가 차츰 아예 자라나지 못하고 만다. 나이가 들면서 모낭에 변화가 생기는 것은 어떤 호르몬과 관계가 있다고 생각할 뿐, 확실한 원인은 아직 모른다.

남성만 대머리가 나타나는 것은 유전성과 관련이 있다. 즉 대머리를 만드는 유전인자가 남성의 성염색체(Y염색체)에 있다는 것을 증명하기 때문이다. 그러므로 아버지가 대머리이면 그 아들도 대머리가 될 가능성이 크다.

가끔 심한 스트레스를 받았을 때, 머리의 일부에서만 둥그렇게 머리털이 빠지는 경우가 있다. 이런 탈모 현상은 '원형탈모'라 부른다. 원형탈모는 몇 달 지나면 다시 회복된다. 암 환자가 항암치료를 받느라 약을 복용하면 모낭 세포가 영향을 받아 머리카락이 빠진다. 그러나 항암치료가 끝나 모낭 세포가 회복되면 머리카락은 다시 자란다.

(181)
사람은 왜 온갖 병에 걸리나?

"가장 큰 행복은 건강한 것이다." "건강은 건강할 때 지켜야 한다." 모든 사람이 하는 말이다. 사람이 병을 갖게 되는 것은 태어날 때부터 원인을 내부에 가지고 있었거나, 출생 후에 겪게 되는 외부의 원인 때문이라고 할 수 있다.

출생 때부터 유전적인 병을 가진 사람이 많다. 그러나 대부분의 병은 살아가는 동안 외부적인 이유로 발생한다. 유독 물질로 오염된 환경이 병의 원인이 되기도 하고, 영양 부족, 세균 침입, 안전사고를 당하여 병을 갖게 되기도 한다.

외부적인 원인의 으뜸은 병균에 감염되는 것이다. 공기 중이나 물, 흙

속 어디나 병원 미생물이 가득하다. 미생물이란 박테리아(세균), 바이러스, 곰팡이 모두를 포함한다. 대부분의 미생물은 인체에 아무런 해가 없으며 오히려 큰 도움을 준다. 치즈, 요거트, 된장, 간장, 김치, 술 등은 세균의 도움으로 맛있는 음식이 된다.

콩 종류의 뿌리에 기생하는 박테리아는 질소비료를 만들어 준다. 어떤 박테리아는 죽은 동식물을 부패시켜 식물이 이용할 수 있는 비료로 만들어 준다. 그러나 병원균이라 불리는 일부 세균은 인체에 침입하여 병을 일으킨다.

인체는 온갖 병균으로 둘러싸여 있지만 병이 잘 발생치 않는 것은 피부가 훌륭하게 보호해 주고 있기 때문이다. 그러나 피부에 상처가 난다면, 그 상처를 통해 세균이 몸 안으로 쉽게 침범할 수 있다. 많은 세균은 상처 외, 입이나 코를 통해 들어온다. 그러나 몸에서 분비되는 면역력을 가진 화학 물질이 대부분의 침입 세균을 죽인다.

불운하게 세균이 몸 안 세포까지 들어와 불어나면, '면역반응'이라는 몸의 방어 활동이 일어나 병균을 퇴치한다. 대표적으로 면역 작용을 하는 백혈구는 항체라는 것을 생산하여 병균을 죽인다. 세균에 감염된 후 면역 반응이 일어나 병균을 모두 퇴치하고, 상한 세포와 조직을 회복하기까지는 여러 날이 걸리기도 한다.

182
몸이 아프면 왜 체온이 높아질까?

몸이 아파 병원에 가면 의사는 반드시 체온을 잰다. 체온이 높으면 몸에 어떤 병이 생긴 것이 확실하다. 정상적인 체온은 37℃ 근처이다. 그러나 그보다 높다면 침입한 어떤 병균과 싸우는 방어 활동이 일어나고 있다는 증거이다.

감기가 들거나 기타 세균 감염에 의한 병으로 열이 높아졌다면, "지금 내 몸에서 병균과의 전쟁이 한창 일어나고 있구나!"하고 생각하면 된다. 그러므로 열이 난다고 무조건 해열제를 먹는다면, 오히려 회복되는 데 더 긴 시간이 걸릴 수 있다.

그러나 체온이 39℃ 이상이 되면 빨리 의사의 도움을 받도록 한다. 체온이 너무 높으면, 세균과의 전쟁에서 이기지 못하고 있다는 것이다. 고온이 되면 의식을 잃을 지경이 되며, 스스로 체온을 내릴 능력도 없어진다. 이때는 의사의 도움으로 약이나 다른 방법(얼음 수건으로 몸을 닦아주는 등)으로 체온을 내려주면서 치료해야 한다.

183
두통약을 먹으면 왜 통증이 사라지게 될까?

두통이나 치통이 심할 때, 또는 삔 다리가 아파 걷기 어려울 때는 진통제를 먹어 아픔을 줄인다. 약을 먹은 뒤 통증이 사라지면, 사람들은 먹은 약이 아픈 장소로 찾아가 치료해 버린 것이라 생각한다. 그러나 사실은 그렇지 않다.

몸 어딘가에(뇌 또는 무릎 어디든) 이상이 생기면, 그곳의 세포는 '프로스타글란딘'이라는 화학 물질을 생산한다. 이때 신경 세포는 그 물질이 생겨난 것을 뇌에 알리기 때문에 그 자리에 통증을 느끼게 된다.

통증을 없애느라 진통제를 먹으면 위장에서 흡수되어 혈관으로 들어가 몸 전체에 퍼지게 되고, 통증이 있는 세포에 도달한 약 성분은 아픔을 느끼게 하는 프로스타글란딘을 만들지 못하게 한다. 그러므로 뇌는 차츰 통증을 느끼지 않게 된다. 통증을 없애거나 감소시켜 주는 진통제는 종류가 많으므로 의사의 지시에 따라 적절한 약을 먹어야 한다.

184
감기는 왜 환절기에 잘 걸리나?

감기는 겨울철에 잘 유행하기 때문에 사람들은 추위가 감기의 원인이라고 생각한다. 그러나 감기에 걸리는 것은 감기 바이러스가 몸에 들어와 코에서부터 기관지에 염증을 일으키기 때문이다. 감기에 걸리면 코막힘, 콧물, 기침, 가래, 두통, 고열, 근육 통증(쑤심), 무기력 등 여러 가지 증상이 나타난다.

감기 바이러스는 150종 이상 알려져 있다. 이들은 계절과 관계없이 인체에 들어와 염증을 일으킬 수 있다. 오히려 기온이 아주 낮은 남극이나 북극에서는 바이러스가 살지 못하기 때문에, 그곳 주민들은 감기에 걸리지 않기도 한다.

감기 바이러스는 몸이 많이 지쳐 있거나 다른 병으로 인하여 바이러스에 대한 면역력이 약해졌을 때 잘 걸린다. 면역이란 병균을 물리치도록 준비된 인체의 방어 기구이다. 겨울이 끝나고 봄이 시작될 즈음이나 겨울이 시작되는 계절은 공기가 건조하다. 공기가 건조하면 코와 기관지의 점막이 상하기 쉽다. 기관지의 점막에 이상이 생기면 감기 바이러스가 잘 침입한다. 기관지가 약한 사람은 독성이 있는 화학 물질의 가스를 조금만 호흡해도 점막이 상하여 감기에 잘 걸리기도 한다.

감기가 오면 휴식하고 안정을 취하면서 영양을 잘 섭취하면 대개 일주일 후에는 저절로 낫는다. 이것은 그사이에 몸의 면역력이 강화되어 바이러스를 퇴치(백혈구 등이 바이러스를 죽임)한 결과이다.

인간이 활동하는 데 필요한 에너지란 무엇을 말하나?

자동차는 엔진 속으로 들어온 연료를 태울 때 나오는 열(힘, 에너지)을 이용하여 굴러간다. 달리기하거나 공을 던지거나 숨을 쉬거나 할 때는 팔다리와 폐의 근육이 수축하는 힘을 이용하고 있다. 에너지란 차를 움직이거나, 근육이 활동할 수 있도록 해주는 힘을 말한다.

에너지는 운동을 담당하는 근육 세포만 아니라, 감각을 느끼고 전달하는 신경 세포, 몸의 온갖 활동을 조종하면서 기억과 생각을 담당하는 뇌세포를 포함한 모든 세포에 필요하다.

자동차의 에너지는 휘발유와 같은 연료에서 나오고, 인체 세포가 활동하는 데 쓰는 에너지는 음식물에서 얻고 있다. 즉 탄수화물, 단백질, 지방질 같은 영양소는 세포 속에서 화학반응이 일어나 분해될 때 에너지가 나온다. 이때는 세포의 기능에 필요한 에너지만 아니라 몸을 따뜻하게 하는 체온 에너지도 나오는 것이다.

186
인체는 매일 얼마나 많은 물을 먹어야 하나?

인체는 72~75%가 물이고, 필요한 물을 음식과 함께 먹거나, 물 또는 음료수로 마시고 있다. 일반적으로 체중 60kg인 사람이 하루에 섭취하는 물의 양은 약 2.3리터이다. 이 중 1.2리터는 음식물에 포함된 물이고, 나머지 1.1리터는 물 상태로 마시고 있다. 다시 말해 체중 60kg인 사람의 몸은 적어도 42리터가 물이다. 그중에 3분의 2인 28리터는 세포 안에, 3분의 1인 14리터는 혈액이나 세포 틈새에 있다.

하루 동안 섭취한 물의 대부분은 오줌(약 1.5리터)으로 배출되고, 그 외에 피부를 통해 땀으로, 호흡 속에 포함된 수분, 대변 등으로 나가고 있다. 수분을 오래 공급받지 못하거나, 땀으로 많은 수분을 잃으면 혈액 속의 수분이 줄어들면서 염분의 농도가 높아진다. 이때 사람은 갈증을 느끼고 물을 찾게 된다. 일반적으로 자기 체중의 0.5%(60kg인 사람은 0.3리터) 정도의 물을 잃으면 목마름을 느낀다.

187

물을 마시거나 음식을 먹으면
왜 금방 갈증과 시장기가 사라지나?

목이 마를 때 물을 시원하게 마시면 물은 위장에 들어가자마자 흡수된 다고 생각되지만, 소장(작은창자)과 대장에서 흡수된다. 물을 실컷 마시면 곧 갈증이 사라진다. 그러면 그사이에 벌써 물이 혈액으로 들어갔을까? 아 니다. 물을 마시자마자 갈증이 사라지는 이유는 확실하지 않다. 물이 목구 멍을 지나가는 순간에 갈증이 사라지므로, 목구멍의 신경이 갈증을 없애 준 것이라고 생각된다.

갈증만 아니라 배고픔도 마찬가지이다. 시장기를 느끼고 음식을 먹기 시작하면, 아직 소화가 시작되지도 않았는데 공복감이 없어진다. 이것은 음식을 먹으면 곧 위 점막에서 소화액이 분비되므로, 그것이 공복감이 사 라지도록 하는 자극이 된다고 생각하고 있다.

188

엔도르핀이란 무엇인가?

양귀비라는 식물에서 추출한 모르핀은 뇌신경을 마비시켜 고통을 없 애주는 진통제(마약)로 유명하다. 모르핀은 일정한 시간 동안 좋은 기분을 느끼게 하고, 아픔을 감소시키며, 안도감을 느끼도록 한다. 이와 비슷하게 뇌에서도 모르핀처럼 고통을 잊게 하는 '엔도르핀'이라는 화학 물질이 생산된다.

상처를 입었을 때 느끼게 되는 아픔의 정도는 상황에 따라 또는 사람에 따라 다르다. 링에서 싸우는 격투기선수는 심하게 타격을 당해도 아픔을 잘 느끼지 않고 시합을 계속한다. 전투 중에 어떤 병사는 팔에 총상을 입은 것을 한참 후에야 발견하기도 한다. 아픔을 잘 모르는 이러한 현상은 감정이 극도의 상태에 있을 때 주로 나타난다.

엔도르핀(endorphin)이라는 영어는 endogenous(내부에서 생기는)라는 말과 morphine(모르핀)이란 말을 합친 것이다. 엔도르핀은 기분이 좋을 때 생겨나는 것이 아니라, 극단적인 사고나 위험 또는 스트레스를 받았을 때에도 분비된다. 엔도르핀의 효과는 지속되지 않으며, 분비되었을 때만 일시적으로 기분이 좋아지거나 활력이 생긴다.

189
왜 예방주사를 맞아야 하나?

전염병은 접촉이나 공기, 음식, 곤충 등에 의해 다른 사람에게 전해질 수 있는 세균성 질병을 말한다. 예방주사가 발달하기 전에는 너무 많은 어린이가 성인이 되기 전에 전염병으로 목숨을 잃었다. 천연두, 소아마비, 콜레라, 장티푸스 등은 특히 두려운 전염병이었다.

박테리아나 바이러스가 몸에 침투하면 백혈구가 항체를 만들어 세균을 파괴함으로써 병에 걸리지 않도록 한다. 어떤 전염병에 걸렸다가 나으면 몸에는 그 병균에 대항하여 이길 수 있는 항체가 남기 때문에 그 이후로는 같은 전염병에 잘 걸리지 않게 된다. 병원균과 싸워 이기는 이러한 몸의 방어 체계를 면역 작용이라 한다.

예방주사는 전염병에 걸리기 전에 예방하도록 맞는 주사를 말한다. 예방주사 속에는 아주 약하게 만든 병균이나, 병균에서 분비된 물질이 들어있다. 예방주사를 맞으면 몸은 그 병에 대항할 수 있는 항체를 미리 만들게 되어, 이후 병균이 몸에 들어오더라도 쉽게 퇴치한다. 지금은 독감, 코비드, 파상풍, 뇌염, 디프테리아, 장티푸스, 결핵 등의 예방주사가 실시되고 있다.

190
각종 치료약은 무엇으로 만들고 있을까?

약이란 병을 예방하고 치료하거나, 상처를 낫게 하거나, 고통을 멈추게 하는 화학 물질을 말한다. 옛사람들은 약을 식물이나 동물 또는 광물에서 구하여 사용했다. 예를 들어 '디기탈리스'라는 식물에서 얻은 디기탈린은 심장 활동이 약한 사람의 약으로 사용되었으며, 양귀비에서 추출한 물질은 진통제로 이용되었다. 한의학에서 사용하는 약은 대부분 식물의 씨, 줄기, 뿌리, 껍질 등이다. 오늘날에도 병원이나 약국의 약은 약 25%가 자연의 식물에서 얻은 것이다.

과학자들은 자연 속에 아직도 발견하지 못한 많은 치료약이 있다고 믿으며, 육지나 바다를 가리지 않고 세계의 식물로부터 신약을 찾아내고 있다. 약효가 있다고 생각되는 성분을 화학적으로 밝혀내어 치료약으로 사용하려 할 때는, 장기간 동물과 인체 실험을 거쳐 위험한 부작용이 없다고 인정되어야 한다. 국제적으로 의약품의 안전 문제를 조사하여 사용을 승인하는 국제연합(UN) 산하의 국제기구를 FDA(세계보건기구)라 한다.

191
건강검진 때는 왜 꼭 소변검사를 할까?

혈액은 그 속에 영양분과 산소를 담아 온몸의 세포에 전달한다. 각 세포는 혈액이 전달해 준 영양분을 분해하여 생기는 에너지를 이용하여 자기가 맡은 역할을 한다. 영양분이 분해되고 나면 찌꺼기(노폐물)가 남게 되고, 노폐물을 담은 혈액은 순환 중에 허리 부분 양쪽에 있는 2개의 신장(콩팥)을 지나가게 된다. 신장에는 노폐물을 걸러내는 필터가 있다. 신장의 필터에서는 노폐물과 함께 혈액에 포함된 여분의 수분도 함께 빠져나와 오줌이 된다.

신장에서 만들어진 오줌은 방광이라는 주머니에 얼마 동안 담겨 있다. 방광에 오줌이 1컵 정도 모여 주머니가 무거워지면, 이곳의 신경이 뇌를 자극하여 소변이 보고 싶은 반응(요의)이 생기도록 한다.

의사는 이런 오줌의 성분을 검사(소변검사)하는 방법으로 몸에 있는 여러 가지 질병

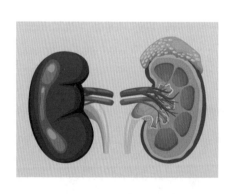

신장(콩팥) 신장의 구조를 간단히 나타낸다.

과 이상 상태를 알아낼 수 있다. 소변검사에서는 색, 거품, 냄새, 화학 성분, 혈구 등을 조사한다. 검사에 가장 적당한 소변은 잠자는 동안 농축된 새벽의 오줌이다.

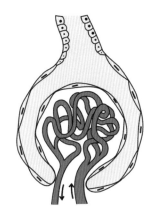

이처럼 중요한 역할을 하는 신장에 이상이 있으면 몸 안의 노폐물을 걸러내지 못해 생명이 위험해진다. 신장이 나빠진 사람은 병원에서 인공신장을 사용하여 노폐물을 제거하는데, 이를 '투석'이라 한다.

사구체 신장에서 노폐물을 걸러내는 필터를 사구체絲球體라 한다. 사구체는 모세혈관이 실타래 덩어리처럼 뭉쳐 있는 모습이기 때문에 붙여진 이름이다.

192
어릴 때 야뇨증이 발생하는 원인은 무엇일까?

잠자는 동안 방광이 가득해지면 뇌는 방광을 비우라는 명령을 내린다. 그러면 잠에서 깨어나 화장실에 간다. 그러나 방광이나 중추신경에 장애가 있으면 야뇨증이 발생한다.

야뇨증은 5~6세 이후에는 대부분 없어진다. 어릴 때의 야뇨증은 소변을 조절하는 근육(방광 괄약근)과 신경이 충분히 발달하지 않았기 때문에 생긴다. 드물게 성인이 되어도 야뇨증을 보이는 사람이 있는데, 그 이유는 확실하지 않다. 이런 경우에는 의사의 진단을 받아 치료해야 한다.

야뇨증 어린이에게 야단을 치고 벌을 주는 일은 도움이 되지 않는다. 저녁을 적게 먹고, 저녁 6시 이후에는 물이나 음료수를 마시지 않도록 하며, 알람 시계가 울도록 하여 미리 화장실에 가게 하면 야뇨를 줄일 수 있다.

193
추잉검이나 음식이 아닌 것을 삼키면 어떻게 되나?

포도나 수박의 씨를 삼킨다면 그것이 위장 속에서 싹이 터 자라게 될까? 추잉검을 씹다가 잘못하여 삼켜버리는 일도 있고, 치약이 목구멍으로 일부 넘어가기도 한다. 그러나 이 모든 것은 염려하지 않아도 좋다.

위장은 생물이 살아있을 수 없는 곳이다. 위벽에서는 강력한 산성의 소화 효소가 분비되어 음식은 물론 벌레, 씨앗, 추잉검 모두를 분해하여 죽(수프)처럼 만들어 버린다. 추잉검만 아니라 소화될 수 없는 다른 무엇을 삼켰다 하더라도 그것이 내부 조직에 손상을 주도록 날카롭거나 너무 크지만 않다면, 장의 소화 운동에 의해 시간이 지난 후 변과 함께 나오게 된다.

위장 안에 염산이 가득하더라도 위벽이 상하지 않는 것은 인체만 아니라 다른 동물도 마찬가지이다. 위벽에서 분비되는 특별한 물질이 위장의 표면을 덮어 소화 효소가 작용하지 못하도록 하기 때문인데, 놀랍게도 그 물질이 어떤 성분인지는 아직 확실하게 밝혀지지 않았다.

194

트림과 방귀 가스는 왜 나오게 되나?

음식을 먹으면 공기도 함께 섞여 위장으로 들어간다. 탄산음료나 맥주를 마시면 내부에서 이산화탄소 거품이 되어 트림이 되어 나온다. 추잉검을 오래 씹어도 기포가 가득한 침이 많이 넘어가 트림이 된다.

그 외 소화가 진행되는 과정에 위장과 장 속에 가스가 생기면, 트림으로 발산되든가 창자를 거쳐 항문으로 빠져나간다. 다시 말해 음식이 소화되는 동안에는 여러 가지 가스가 생겨난다. 방귀의 성분은 질소, 황화수소, 메탄 등이다. 이들 가스 중에 황화수소가 많으면 유난히 냄새가 나쁘다. 황이 포함된 음식으로는 콩, 양배추, 계란 등이 있다.

195

음식을 먹지 못하는 거식증과 너무 먹는 과식증은 왜 생기나?

청소년이 잘 자라고 활동하려면 적절한 양의 음식을 먹어야 한다. 만일 필요한 양보다 많이 먹으면서 활동이 부족하면 과체중이 되어 비만해지고, 그 반대이면 저체중으로 여위면서 성장에 지장이 생긴다. 사람은 정신적으로 우울하거나 불안하면 일시적으로 식욕을 잃고 잘 먹지 못한다. 그럴 때는 활력이 줄어들고 일이나 공부에 대한 집중력도 떨어진다.

어떤 이유로 배가 부른 줄 모르고 자꾸만 먹는 사람은 '다식증' 또는 '대식증'이라 하고, 반대로 음식을 거의 먹지 못하는 사람은 음식을 거부한다고 하여 '거식증'이라 한다. 다식증과 거식증은 모두 정신적인 문제와 연관이 있다고 생각되는 식사장애(섭식장애) 환자이다. 그러므로 식사장애는 의사의 진단과 치료를 받아야 한다.

196
줄기세포란 무엇인가?

동물이든 식물이든 처음에는 수정된 1개의 난세포가 쪼개지기(분열) 시작하여 차츰 완전한 생물체를 만들게 된다. 1개의 수정된 난세포는 2개로 나뉘고 다시 분열하면서 4, 8, 16, 32 … 로 늘어난다. 난세포가 일정한 수만큼 분열하면 조금씩 복잡한 조직을 만들기 시작하는데, 이런 과정을 발생이라 한다. 어미 몸속에서 성장한 새끼는 모두 이러한 발생 과정을 거친 것이다.

인간의 난세포가 분열을 거듭하여 발생을 시작하면 머리와 몸통, 사지가 생겨나고, 머리에서는 눈, 귀, 코, 입을 비롯하여 뇌가 발생한다. 또한 몸통에는 온갖 내장이 생기고 뼈대도 형성된다. 이렇게 하여 나중에는 심장, 위와 장, 폐, 눈, 치아, 팔다리, 뇌, 신경, 혈관 등 복잡한 인체의 조직을 다 갖춘 완전한 인간이 된다.

난세포는 이처럼 분열을 거듭하여 어떤 조직으로라도 발전할 가능성을 가지고 있다. 그러나 일단 피부, 눈, 간, 뼈, 뇌, 신경 등 일정한 조직으로 발생을 시작했거나 발생 과정이 끝난 세포는 다른 조직의 세포를 만들 수 없게 된다. 예를 들어 피부 세포는 상처를 입으면 다시 피부 세포를 만들고, 부러진 뼈는 새 뼈를 재생할 수 있다. 그러나 피부 세포가 뼈세포라든가 다른 조직의 세포는 만들지 못한다.

줄기세포란 난세포처럼 다른 여러 가지 조직의 세포로 발생할 수 있는 능력을 갖춘 세포이다. 만일 이런 줄기세포가 있다면, 과학자들은 그 줄기세포를 이용하여 병든 장기나 뼈, 뇌 조직 등을 재생할 수 있을 것으로 생각한다. 그래서 최근 과학자들은 인간의 조직을 재생할 수 있는 줄기세포를 찾거나 만드는 방법을 경쟁적으로 연구하고 있다.

동물과 달리, 많은 종류의 식물 세포는 쉽게 줄기세포가 될 수 있다. 예를 들면, 뿌리나 줄기에서 떼어낸 식물의 세포를 시험관 속에서 배양하면, 그 세포가 분열을 시작하여 거기서 뿌리가 나고 새로운 눈이 자라 완전한 식물로 자랄 수 있다.

불가사리와 같은 하등동물의 경우 몸의 일부분이 잘려 나가도 없어진

조직배양 실험실의 플라스크 속에서 자라는 새 식물이다. 이들은 식물의 조직에서 떼 낸 세포가 마치 씨앗처럼 자라 완전한 식물이 된 것이다. 식물의 세포는 동물 세포보다 쉽게 줄기세포가 될 수 있다.

부분이 다시 재생된다. 이것은 그들의 몸 곳곳에 줄기세포가 있기 때문이다. 고등동물의 줄기세포는 많은 의문과 신비를 가진 세포이다.

197
인간은 얼마나 빨리 달리고 헤엄칠 수 있나?

자메이카의 육상선수 우사인 볼트가 100m 달리기에서 2009년에 세운 기록은 9.58초였다. 그의 속도를 시속으로 계산하면 45km가 된다. 우사인 볼트의 기록은 이후 경신되지 않고 있다. 미국의 여자 육상선수 플로렌스 조이너가 1988년 서울 올림픽에서 100m와 200m 달리기에서 금메달을 획득하면서 세운 기록은 10.49초였다. 이 기록이 나온 이후 더 빠른 여성 달리기선수는 2025년 현재까지 나타나지 않았다.

100m 달리기 기록을 보면, 1910년의 남자 기록은 10.7초 정도였으나 해마다 조금씩 단축되어 2010년에 최고 기록을 세운 이후 멈추고 있다. 한편 여성은 1920년에 13.7초이던 기록이 1988년에 10.49초에 머무르고 있다.

인간이 물속에서 빨리 간다는 것은 어려운 일이다. 자유형 50m 수영 경기에서 남성이 세운 최고 기록은 2009년에 브라질의 시엘루 필류가 세운 20.91초였다. 이 속도는 우사인 볼트가 트랙을 달린 속도의 4분의 1에 해당한다. 그리고 여성이 세운 50m 자유형 기록은 2023년에 스웨덴의 사라 셰스트룀이 세운 23.61초이다.

50m 수영 경기의 기록 변화를 보면, 이 경기가 시작된 1970년대 이후

남녀 모두 3초 정도 빨라졌으며, 이러한 기록은 수영복 때문에 나타났다. 즉 부력이 좋은 섬유로 수영복을 만들었기 때문이었다. 이후 부력이 적용된 섬유로 만든 수영복은 착용이 금지되었으며, 이후 기록은 단축되지 않고 있다.

수영 경기의 기록이 얼마나 빨라질 수 있는지에 대해서는 확실한 예측이 나오지 않고 있다. 문제는 선수가 물속을 헤쳐갈 때 물과의 저항을 줄이는 것이다. 수영선수가 물속에서 수면 위로 팔꿈치를 가능한 한 높이 드는 것은 마찰을 줄이는 자세이고, 팔을 직선으로 뻗어 물을 끌어당기는 것은 자기의 몸을 전진하게 하는 반작용의 동작이다. 과학자들은 스포츠 과학이 더 발달하면 100m 달리기와 50m 자유형 수영에서 조금 더 기록을 경신하리라 생각한다.

198
인간은 동면(겨울잠)하지 못할까?

기온이 심하게 내려가고 먹을 것이 귀해지면 많은 종류의 동물은 동면한다. 동면할 때는 체온도 내려가고 호흡수와 심장 박동수가 줄어들며, 몸 안에서 일어나는 대사 작용도 훨씬 줄어든다.

인류는 다른 동면 동물들처럼 겨울잠을 자지 못한다. 동면과 비슷한 용어에 휴면이라는 말이 있다. 이는 동면하는 기간이 몇 주일, 며칠, 몇 시간 정도로 짧은 경우에 사용된다. 휴면이 가능한 동물로는 박쥐, 쥐 종류, 주머니두더지, 작은 벌새 등이 알려져 있다.

휴면하는 동물은 먹이가 없거나 기온이 너무 낮거나 높을 때, 체온을 내리고 호흡과 대사활동을 줄인 상태로 잠자듯이 지낸다. 이들이 장시간 휴면하는 근본 이유는 먹지 못하는 동안 에너지를 절약하려는 데 있다.

동면과 반대인 하면(여름잠)은 더운 계절에 휴면하는 것을 말한다. 여름 잠을 자는 대표적인 동물에는 달팽이 무리가 있다. 못 견디게 덥고, 건조하면 그들은 키 큰 나무 위로 올라가 그늘진 부분에 붙어서 대사활동을 줄인 상태로 잠을 잔다.

겨울 동안 땅에 떨어진 식물의 씨가 발아하지 않는 경우를 '종자 휴면'이라 한다. 박테리아, 바이러스, 꽃가루, 곰팡이의 포자 등은 생존할 수 없는 환경에서도 장기간 죽지 않고 살아있다. 이것 역시 일종의 휴면이다. 많은 물고기도 겨울 동안 동면하는데, 그들은 동면하다가도 금방 깨어나고, 다시 동면으로 들어갈 수 있다.

인간의 동면에 관한 연구는 의학적으로 매우 중요하다. 혹한의 조건에서 조난을 당했을 때, 장기이식 때, 당장 치료가 불가능한 위급환자를 상당 기간 보호해야 할 때, 화성까지 여행할 때는 인체의 휴면에 대한 지식이 매우 필요해진다. 그러나 현대 의학으로 분석할 때 인간의 동면은 매우 위험하다.

인체는 체온이 $1℃$ 내려갈 때마다 대사기능이 5~7%씩 감소한다. 그러면 그 정도만큼 호흡을 적게 하고, 혈액 순환(심장 박동)이 줄어든다. 그런 상황이 오면 마치 수명을 다한 전지처럼 인체의 의식과 기능들이 정지하게 된다.

인간의 몸은 체온이 $33℃$로 내려가면 심장 활동이 멈추고, $25℃$가 되면 모든 생리 작용이 정지해 버린다. 또한 장시간 저체온이 되면 뇌세포의 기능까지 사라지고 만다. 인체는 동면할 수 없도록 만들어졌다. 그럼에도 불구하고 의학자들은 인간의 동면을 연구한다. 위기에 처한 인명을 구할 수 있는 새로운 지혜를 찾아내기 위해서이다.

199
혹한 속에서 어떻게 냉수마찰을 할 수 있나?

냉수마찰을 늘 하던 사람은 영하 20℃에 가까운 기온 속에서도 젖은 수건으로 맨몸을 비비며 씻는다. 극한 훈련을 하는 병사들은 맨몸으로 폭설을 맞으며 구보하고 얼음물 속에 잠수도 한다. 옛날 어머니들은 겨울 냇물에서 고무장갑도 없이 맨손으로 빨래를 했다. 때때로 북극곰 수영대회가 열리기도 한다.

신대륙을 발견한 뒤 남아메리카 대륙의 남단을 처음 탐험했던 유럽의 선원들은 그곳 원주민들이 겨울에 맨몸으로 바다에 들어가 어로 작업을 하는 것을 보았다. 이때의 바닷물 수온은 −2℃ 정도였다. 그리고 당시 안데스산맥의 고지대에 살던 원주민들은 신발조차 없이 맨발로 눈길을 걸어다니며 생활하는 것을 목격했다.

인체는 추위에 어느 정도 적응하는 생리를 가지고 있다. 겨울 빨래를 하느라 냉수 속에 처음 손을 담그면 그 냉기를 몇 초도 견디기 어렵다. 그러나 참고 몇 분이 지나면 피부로 혈액이 대량 흐르면서 냉기를 견딜 수 있게 된다. 북극곰 수영대회에 참가한 사람도 마찬가지이다.

그러나 이런 냉기 속에서는 에너지가 대량 소비되고, 견딜 수 있는 한계가 있기 때문에 짧은 시간 동안만 가능하다. 한계를 지나면 무감각해지고 동상이 걸리게 되며 심하면 저체온증으로 목숨이 위험해진다.

항생제에 죽지 않는 슈퍼박테리아는 무엇인가?

항생 물질을 투약해도 죽지 않는 슈퍼박테리아가 출현했다는 뉴스가 수시로 보도되고 있다. 누군가 세균성 질병에 걸렸을 때, 항생 물질로 치료가 잘 이루어지지 않는다면 그의 생명은 위험해지고, 그에 따른 의료비 부담도 상당할 것이다.

페니실린과 같은 항생 물질이 발명된 이후 헤아릴 수 없이 많은 사람이 병균 때문에 발병하는 질병으로부터 건강을 회복될 수 있게 되었으며, 지금은 거의 모든 사람이 세균성 질병을 별로 두려워하지 않고 살아간다. 현재 알려진 항생 물질의 종류는 수백 가지이다. 그런데도 각 제약회사에서는 새롭고 더 우수한 항생 물질을 개발하는 경쟁을 하고 있다.

인간을 위협하는 병원균으로는 결핵균, 폐렴균, 임질균과 같은 박테리아를 비롯하여 여러 바이러스 종류, 말라리아를 일으키는 기생성 원생동물, 무좀균(곰팡이류) 등이 있다. 이들 모두가 인체에 기생하여 병을 일으키는 미생물들이다. 항생 물질이라고 하면 이들을 제거하는 화학 물질을 말한다.

병원성 미생물은 인간만 아니라 소, 돼지, 닭 등의 가축과 심지어 양어장의 물고기에게도 있다. 그래서 항생제는 인간의 치료약만 되는 것이 아니라 가축과 물고기의 사료에까지 섞어 사용하고 있다.

전염성 병원균들은 사람 사이에, 다른 동물을 거쳐, 음식을 통해 감염된다. 그래서 모두가 평소에 주변 환경을 깨끗이 하고 병균으로부터 자신을 보호하는 위생적인 생활을 해야 한다. 즉 물과 음식을 조심하고, 몸을 청결히 하고, 주변 환경을 깨끗이 하고, 유행병이 발생할 때는 대중이 많은 곳을 피하고, 예방주사를 맞는 것이다.

우리나라를 포함한 의학 선진국에서는 환자에게 항생제 처방을 제한하는 법률이 있다. 그 이유는 항생제를 남용할 경우, 항생제에 죽지 않는 내성을 가진 세균(슈퍼박테리아)이 생겨날 위험이 크기 때문이다. 한 사람의 몸에 내성균이 나타난다면, 그 병균은 쉽게 다른 사람에게 전염될 수 있다.

세계화된 오늘날 슈퍼박테리아가 어딘가에서 나타나면, 그것은 잠깐 사이에 세계로 퍼질 것이다. 가축이나 닭, 오리 등의 가금류에 내성을 가진 슈퍼박테리아가 생겨난다면, 그 박테리아는 무역로나 철새의 이동을 따라 세계로 전염될 것이다. 우리를 두렵게 하는 것은 슈퍼박테리아가 나타났을 때, 그 내성균을 죽일 수 있는 새로운 항생제를 개발하기까지 시간이 오래 걸린다는 점이다.

201
암세포는 어떤 특성이 있나?

의학 연구에서 가장 많은 논문이 나오고 있는 분야는 암에 대한 것이다. 한편 암에 관한 의학적 뉴스는 거의 매일 보도되고 있지만 암을 완전히 정복하게 되는 날은 예측 불가능이다.

암에 대한 일반적인 중요 상식을 알아본다.

1. 암 종류는 100가지 이상이다.

인체를 구성하는 세포는 모두 암세포로 변할 가능성이 있다. 암의 종류는 일반적으로 그것이 발생한 조직 또는 세포에 따라 이름이 붙여진다. 예를 들면 인체의 표면, 혈관, 복강과 같은 곳에 발생하면 피부암이라 하고, 근육과 뼈, 결합 세포, 림프관, 인대, 지방조직 등에 발생한 암은 육종(肉腫)이라 하며, 골수에 발생하여 백혈구 수를 비정상으로 증가시키는 암은 백혈병이라 한다.

2. 바이러스는 암 발생 원인 중의 하나이다.

100가지가 넘는 종류의 암이 생겨나도록 하는 원인 또한 매우 많다. 여러 가지 화학 물질, 방사선, 자외선, 염색체의 이상, 바이러스 등이 주요 원인이다. 바이러스는 암 발생 원인의 5~20%를 차지하는데, 그 이유는 바이러스의 유전자가 인체의 유전자에 붙어서 인체 세포가 비정상으로 분열하도록 하여 암을 만들기 때문이다.

3. 발생하는 암의 3분의 1은 예방 가능하다.

암 종류의 5~10%는 선천적으로 유전자에 결함이 있다고 추정되고 있다. 나머지 암 종류는 공해, 세균 감염, 흡연, 과식, 운동 부족 등인데, 이 중에 폐암의 원인은 70%가 담배 때문이다.

4. 암세포는 계속 불어나고 새끼 암세포까지 만든다.

돌연변이로 발생한 암세포는 세포 분열 방법도 다르다. 정상 세포는 분열하면 2개의 세포로 나뉘지만, 암세포는 3개, 4개, 그 이상을 만든다.

5. 암세포는 혈관을 통해 영양이 공급되어야 생존한다.

암 조직이 생겨나면 그 주변에 새로운 모세혈관이 증가한다. 이를 신생혈관이라 하며, 신생혈관은 암세포가 자라도록 영양을 공급한다. 그러므로 암 조직으로 가는 혈관을 제거한다면 암세포는 증식이 멈추게 된다.

6. 악성 종양은 전이된다.

암세포에서 새로운 새끼 세포가 만들어져 혈관을 따라 다른 곳으로 이동하여 증식하게 되는 현상을 '전이'(轉移)라 한다. 전이가 일어나면 치명적이다.

7. 암세포는 인체의 면역기능을 방해한다.

림프종이라 불리는 암은 인체의 면역기능을 방해한다. 인체는 몸속에 들어온 낯선 바이러스나 병든 세포가 있으면, 림프 조직에서 '림프 세포'라 불리는 면역 세포를 만들어 이들과 싸워 파괴하도록 하는 작용을 한다. 그러나 림프 조직에 암이 생기면 이런 면역 작용을 하지 못하게 된다.

8. 암의 진행 정도는 5단계로 진단한다.

암세포가 처음 발견되면 0기라 하고, 암 조직이 증식하는 정도에 따라

1기, 2기, 3기, 4기라는 진단을 하게 된다. 4기라고 할 때는 암세포가 다른 여러 기관에까지 전이되어 증식하고 있는 경우이다.

202
암을 예방하려면 어떤 노력을 해야 하나?

인체를 구성하는 전체 세포의 수는 약 30~40조 개로 추정된다. 그중 80%는 적혈구이고 나머지가 몸을 구성한다. 이렇게 많은 수의 인체 세포에서 암세포가 발생할 가능성은 누구에게나 항상 존재한다. 그러나 다행히 인체는 암세포가 생겨났을 때 그들을 대부분 파괴하는 면역기능이 있다. 오늘날 암의 원인, 진단과 치료법 등에 대한 지식은 보편적인 의학 상식이 되었다. 자신을 암에서 안전하게 보호하려면 다음과 같은 상식이 필요하다.

1. 선천적으로 유전과 관계되는 암은 5~10%라고 추정되고 있다.

2. 장기간 심한 정신적 스트레스를 받지 않도록 한다.

3. 운동 부족인 사람은 암의 발생 비율이 높다.

4. 오염된 대기, 식수, 음식을 조심하고 과음을 피한다.

5. 방사선에 노출되지 않도록 한다.

6. 담배를 피우지 않는다. 폐암의 70%는 담배가 원인이고, 암으로 인한 사망자의 22%는 담배 때문이다.

7. 약을 함부로 장기간 먹으면 간암이 발생할 위험이 크다.

8. 채소와 과일의 섭취량을 늘린다.

9. 예방주사를 맞는다.

10. 강한 자외선을 피한다.

11. 수면 시간이 짧은 사람은 대장암 발생 비율이 높다. 적당한 잠은 암 발생을 방지하고 건강을 유지하는 데 필수적이다.

세계보건기구(WHO)는 암 예방을 위한 10가지 경고를 제시하고 있다.

1. 세계적으로 사망자의 약 16%는 암이 원인이다.

2. 암은 남녀노소, 신분, 지위를 가리지 않고 발병한다. 암으로 인한 사망자의 70%는 빈곤층 사람들이다.

3. 남성 사망률이 높은 5대 암은 폐암, 간암, 위암, 직장암, 전립선암이다.

4. 여성의 5대 암은 유방암, 폐암, 직장암, 자궁암, 위암이다.

5. 발생하는 암의 30~50%는 예방이 가능하다. 암 환자의 22%는 흡연과 관계가 있다.

6. 가난한 국가에서 발생하는 암의 25%는 간염, 유두종(피부암 일종)과 같은 바이러스 때문에 생긴다. 예방주사를 접종하지 못한 것이 원인이다.

7. 소득 수준이 높을수록 필요 이상의 암 치료를 받고 있다.

8. 암 치료 비용은 세계적으로 큰 경제적 부담이다.

9. 세계적으로 볼 때 암 환자의 약 14%만 적절한 치료를 받고 있다.

10. 빈곤 국가 5개 중 1개 국가는 암 환자에 대한 통계조차 구할 수 없다.

한센병(나병) 환자는 지금도 발생하는가?

인류 역사에서 수천 년 전부터 알려져 가장 오래되고 두려워한 감염병은 나병이다. 과거에는 나병의 원인을 알지 못하다가 1873년에 노르웨이의 의학자 한센(Gerhard Hansen 1841-1912)이 나병의 원인이 '마이코박테리움 레프래'라는 병균이라는 것을 발견했다. 이후부터 나병은 한센병 또는 '레프라병'이라 불리게 되었다.

나병균은 피부 접촉으로 감염되는데, 심한 접촉이 아니면 좀처럼 감염되지 않는다. 나병균은 신경 조직, 호흡기, 피부, 눈 등에서 증식하는데, 환자가 되면 신경이 마비되어 부상을 당해도 아픔을 모른다. 또한 근육이 약해지고 시력도 나빠진다.

오늘날에는 치료약이 개발되어 진단만 되면 완치시키고 있다. 한센병 환자는 주로 가난한 나라에서 발생하고 있다. 세계보건기구의 조사에 의하면 1980년에는 세계적으로 520만 명이었으나 2020년에는 20만 명 이하로 급격히 감소했다. 우리나라에서는 질병 관리법률에 따라 환자는 격리 보호 치료하고 있으며, 지난 10년 동안 전국적으로 환자 발생 수는 1년에 2~4명 정도라고 알려져 있다.

흑사병(페스트)은 지금도 위험한가?

흑사병은 역사상 수천 년 전부터 몇 차례 크게 전염되어 많은 사람을 희생시켰다. 특히 14세기에 유럽 전역에 퍼진 흑사병은 당시 유럽 총인구의 30~60%에 해당하는 7,500만~2억 명을 희생시켰다. 당시에는 흑사병의 원인도 모르고 왜 전염되는지도 알지 못했으며, 다만 전염되는 병이라는 정도만 알고 있었다.

흑사병은 '예르시니아 페스티스'라 불리는 박테리아 때문에 발병하는데, 이 박테리아는 야생하는 쥐 종류 사이에 전염되며, 감염된 쥐는 살아남지 못한다. 감염된 쥐가 죽으면 몸에 붙어살던 쥐벼룩들이 흩어져 나와 사람이나 다른 쥐에 옮겨가 페스트균을 전파하게 된다.

흑사병 균을 가진 쥐벼룩에 물려 감염된 사람은 며칠 사이에 피부가 부어오르고 출혈을 하며, 피부가 검은색으로 변하면서 썩어들어가 목숨을 잃게 된다. 동시에 환자는 심한 열, 두통, 관절통이 발생하며, 임파선이 심하게 아프다.

흑사병 균은 1894년에 스웨덴의 의사 알렉산더 예르센(1863-1943)이 처음 발견했다. 오늘날에는 소수의 흑사병 환자가 간혹 발생하지만 크게 전파되지 않으며, 환자는 항생제로 치료할 수 있다. 다행히도 우리나라에는 흑사병이 유행한 기록이 없다. 흑사병을 흔히 '페스트'라 말하는 것은 중세시대에 유럽에서 전염병을 일반적으로 페스트(라틴어로 돌림병이라는 뜻)라 불렀기 때문이다.

장수하는 사람은 얼마나 오래 살 수 있을까?

프랑스의 한 할머니는 1997년에 122살 164일 나이로 세상을 떠났다. 현대 의학의 기록으로 이보다 더 장수한 사람은 없다고 한다. 과학자들은 인간의 수명은 120세 이하일 것으로 생각한다. 그 이유는 일반적으로 포유동물은 생장(키와 몸이 자라는) 기간보다 5~6배 더 살기 때문에, 20세 정도까지 성장하는 인간은 이 기간의 5~6배가 되는 100~120년을 살 수 있을 거라 추측하는 것이다.

약 2,000년 전, 인간의 평균 수명은 22세 정도로 낮았다. 태어나자마자 죽는 아기가 많았고, 기생충이나 전염병 등에 대한 예방이나 치료책이 전혀 없었기 때문이다. 1900년대 초에 이르자 평균 수명은 47세 정도로 늘었다. 그러나 100년이 더 지난 오늘날의 미국과 일본인의 평균 수명은 84세에 이르고 있다.

우리나라의 경우, 1920년대 말의 평균 수명은 남자 32.4세, 여자 35.1세였으나, 2000년의 평균 수명은 남자 71.1세, 여자 79.2세, 평균 75.2세로 높아졌다. 이것은 70년 동안 평균 수명이 41세나 증가한 것이다. 우리나라 통계청의 추산에 의하면, 2030년이 되면 한국인의 평균 수명도 85세 정도인 최장수국의 하나가 될 것이라고 한다.

지난날 평균 수명이 짧았던 이유는 전염병을 조기 발견하고 예방하는 사회 시스템이 발달하지 못하고, 깨끗한 식수를 사용하는 수도시설, 폐수를 버리는 하수시설, 오폐수를 정화하는 시설 등의 공중 위생시설이 나빴던 탓이 많았다. 특히 의학이 발달하지 못해 전염병 등으로 어린 아기들이 많이 죽었으며, 전쟁과 홍수, 가뭄 등의 재난을 피하기 어려웠다.

1차 병원, 2차 병원, 3차 병원은 어떻게 구분하나?

자기가 사는 마을에서 쉽게 찾아가 진단과 치료를 받을 수 있는 작은 병원과 의원, 보건소, 보건지소, 보건진료소가 1차 병원이다. 2차 병원은 1차 병원에서 진단을 거치고 찾아가는 종합병원을 의미한다. 1차 병원은 입원실(병상)이 없거나 있어도 병상이 소수인 병원이고, 2차 병원은 병상이 다수이며, 기본적으로 갖추고 있는 진료 과목도 많다.

3차 병원은 1, 2차 병원의 진단을 거친 환자나, 생명이 위급한 응급환자가 찾아갈 수 있는 의과대학 부속병원 또는 그에 준하는 대형 종합병원이다. 3차 병원에서 진료받으려면 1, 2차 병원 의사의 소견이 기록된 진료 의뢰서가 있어야 한다. 거의 모든 종류의 병을 진료하고, 전공 의사가 다수 근무하는 3차 병원은 언제나 환자가 많으며 진료 수속이 복잡하다. 3차 병원에서는 1, 2차와 달리 입원과 퇴원이 까다로우며 진료 비용도 증가한다.

법정 감염병이란 어떤 병인가?

우리나라 질병관리청에서는 한 번 발생하면 빠르게 전염되는 동시에 건강에 위험한 감염성(전염성) 질병들에 대해 특별히 예방하고 치료하도록 하고 있다. 법정 감염병으로 불리는 감염병은 1군, 2군, 3군, 4군, 5군 감염병으로 구분하고 있다.

1군 감염병   주로 식수 오염으로 전염되는 병들인 세균성 이질, 콜레라, 장티푸스, 파라티푸스, A형간염 등이 여기에 속한다.

2군 감염병   예방접종이 가능한 디프테리아, 파상풍, 백일해, 홍역, 유행성 이하선염, 풍진, 소아마비, B형간염, 일본뇌염, 수두, 폐렴 등이다.

3군 감염병   반복해서 유행하는 말라리아, 결핵, 성홍열, 수막염, 발진티푸스, 비브리오 패혈증, 츠츠가무시증, 탄저병, 공수병, 후천성면역결핍증(AIDS, HIV), 인플루엔자, 유행성 결막염, 수족구병, 수두, 한센병 등이 포함된다.

4군 감염병   페스트, 황열병, 뎅기열, 바이러스성 출혈열, 두창 등이다.

5군 감염병   기생충병이 여기에 속한다. 회충증, 편충증, 요충증, 간흡충증, 폐흡충증, 장흡충증 등이다. 이들 외에도 특별한 감염병 종류가 지정되어 있다.